中学入試

＼集中レッスン／

算数 平面図形

栗根秀史［著］

文英堂

この本の特色と使い方

小学校で習う算数の中でも，４年生から６年生の間に身につけておきたい内容，簡単な受験算数のコツを短期間で学習できるように作りました。

「短期間で，お気軽に，でもちゃんと力はつく」という方針で，次のような内容にしています。この本で勉強し，２週間でレベルアップしましょう。

1. 受験算数のコツが２週間で身につく

１日４~６ページの学習で，受験算数の考え方，解き方を身につけることができます。４日ごとに復習のページ，最後の２日は入試問題をのせていますので，復習と受験対策もふくめて２週間で終えられるようにしています。

2. 例題・ポイントで確認，練習問題で定着

例題，ポイント，練習問題の順にのせています。例題とポイントで学習内容を確認し，書きこみ式の練習問題で定着させることができます。

3. ドリルとはひと味ちがう例題とポイント

正しい解法を身につけられるように，例題の解答は，かなりていねいに書いています。また，例題の後には，見直すときに便利なポイントを簡単にまとめています。

例題とポイントで内容をしっかり確認してから問題に取り組めるようになっていますので，短期間で力をつけることができます。

もくじ

1日目 中心と結ぶ

例題 1 - ❶

右の図の直線 AB は円の直径で，●印は上の半円の弧を 4 等分する点，×印は下の半円の弧を 3 等分する点です。角 x の大きさは何度ですか。

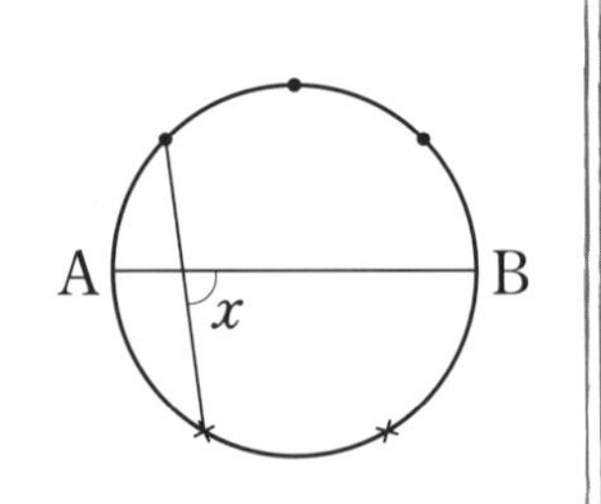

解き方と答え

まず，右の図1のように，円周上の点 C，点 D と中心 O を結んで考えます。●印は上の半円の弧を 4 等分する点ですから，角 AOC の大きさは

$180° \div 4 = 45°$

×印は下の半円の弧を 3 等分する点ですから，角 AOD の大きさは

$180° \div 3 = 60°$

とわかります。

図1

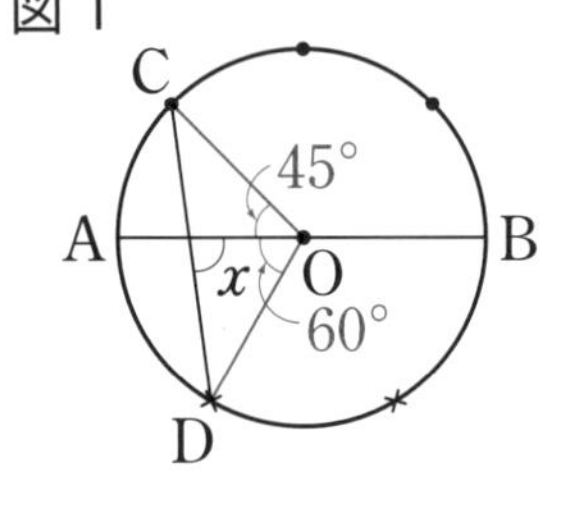

次に，右の図2で，CO，DO はともに円の半径で長さが等しくなりますから，三角形 OCD は二等辺三角形になることがわかります。角 COD の大きさは

$45° + 60° = 105°$

より，角 OCD の大きさは

$(180° - 105°) \div 2 = 37.5°$

したがって，外角の定理より，角 x の大きさは

$45° + 37.5° = \mathbf{82.5°}$ …答

図2

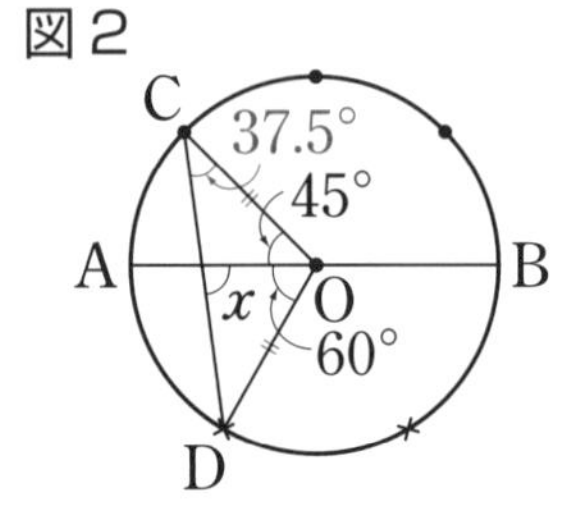

外角の定理

下の図で，角㋐＝角㋑＋角㋒

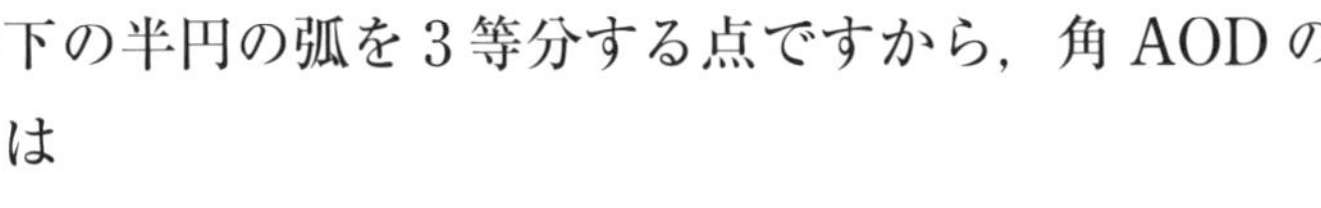

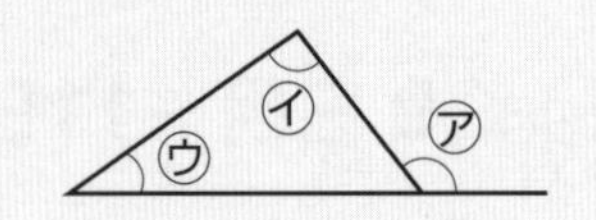

ポイント

円周上の特別な点は中心と結んで考えよう！

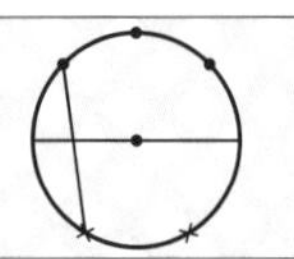

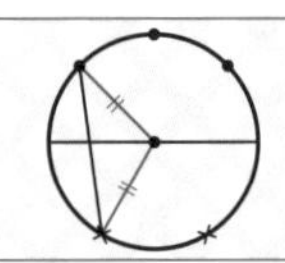

解答➡別冊 3 ページ

練習問題 1－❶

1 右の図のように，同じ大きさの円Oと円Pがそれぞれの中心を通るように重なっています。これについて，次の問いに答えなさい。

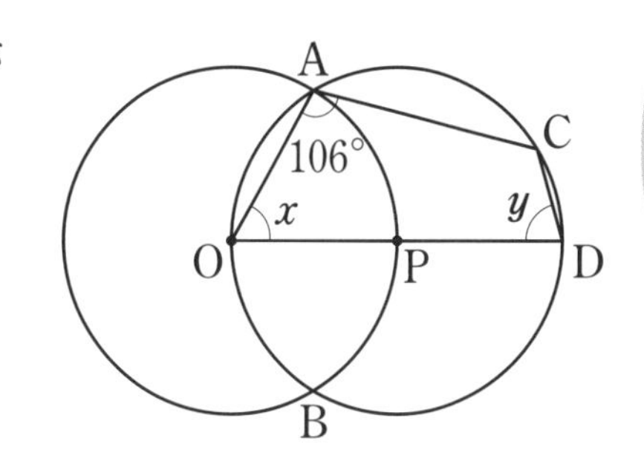

(1) 角 x の大きさは何度ですか。

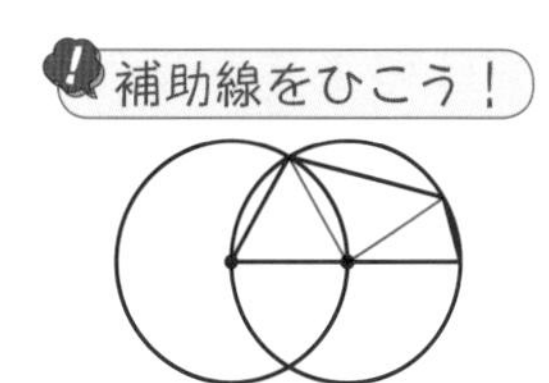

(2) 角 y の大きさは何度ですか。

2 右の図のように，1辺の長さが6cmの正方形のまわりに，半径6cmのおうぎ形が4個重なっています。太線で示されている外周の長さを求めなさい。ただし，円周率(りつ)は3.14とします。

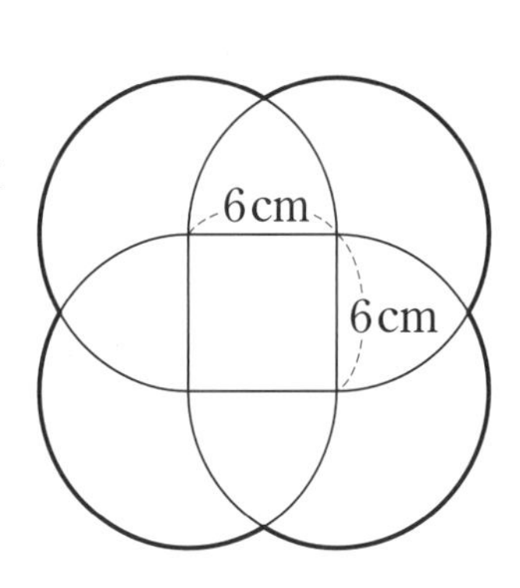

例題 1-❷

右の図のように，半径10cmの円をそれぞれが接するように5個並べ，そのまわりにひもをかけました。このひもの長さを求めなさい。ただし，円周率は3.14とします。

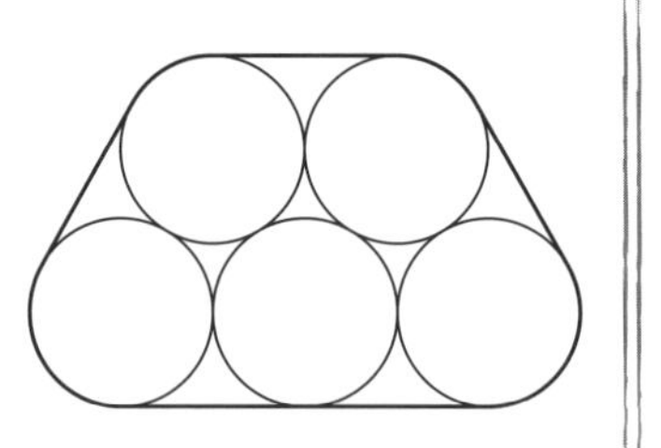

解き方と答え

右の図1のように，ひもを直線部分と曲線部分に分けて考えます。

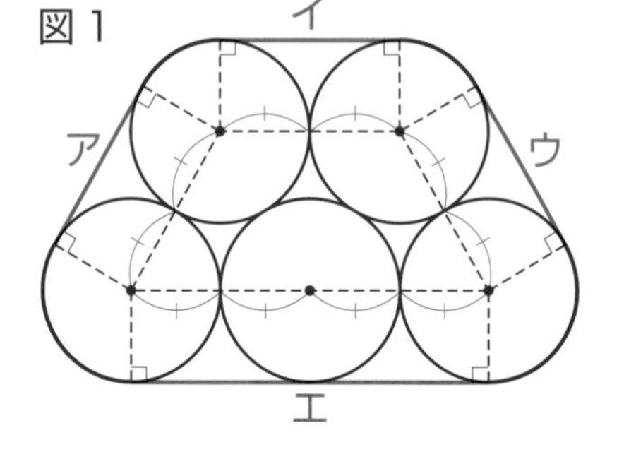

直線部分ア，イ，ウの長さはすべて，円の半径の2つ分，エの長さは円の半径の4つ分になっていますから，直線部分の長さの和は

$10 \times (2 \times 3 + 4) = 100$(cm)

曲線部分の長さの和は，円1つ分の円周の長さに等しいですから

$10 \times 2 \times 3.14 = 62.8$(cm)

↑ 半径×2×円周率＝円周

したがって，求める長さは

$100 + 62.8 =$ **162.8(cm)** …答

結局，下の図2のように，ひもの長さは，

円の中心を結ぶ図形のまわりの長さ＋円1つ分の円周の長さ

で求められることがわかります。

図2

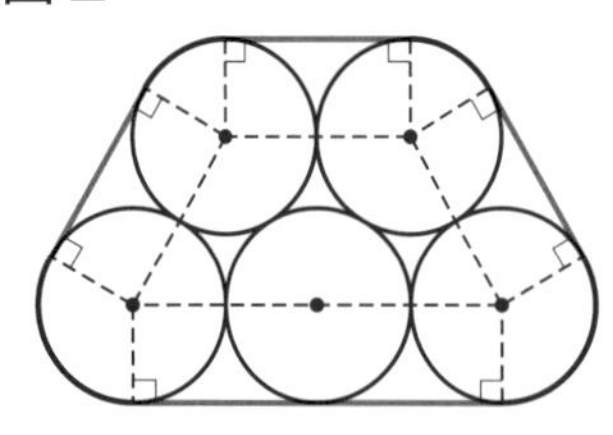

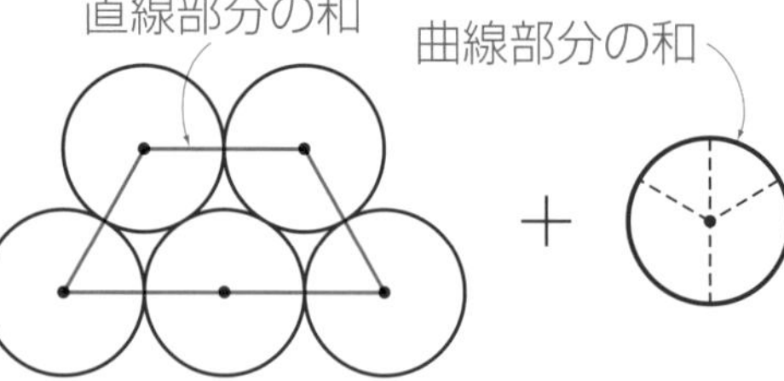

ポイント

ひもを直線部分と曲線部分に分けて考えよう！
まわりにかけたひもの長さ
＝円の中心を結ぶ図形のまわりの長さ＋円1つ分の円周の長さ

解答➡別冊4ページ

練習問題 1-❷

1 底面(ていめん)の円の半径が12cm，高さが30cmの円柱2つをくっつけて，その中央部分に図のようにたるませないでひもをかけました。ひもの長さを求めなさい。ただし，円周率は3.14とします。

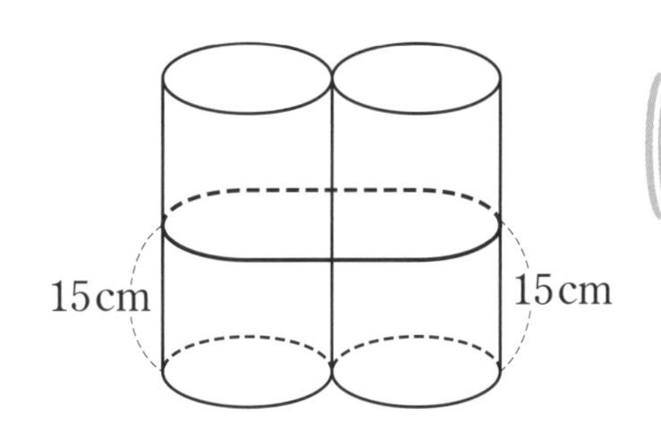

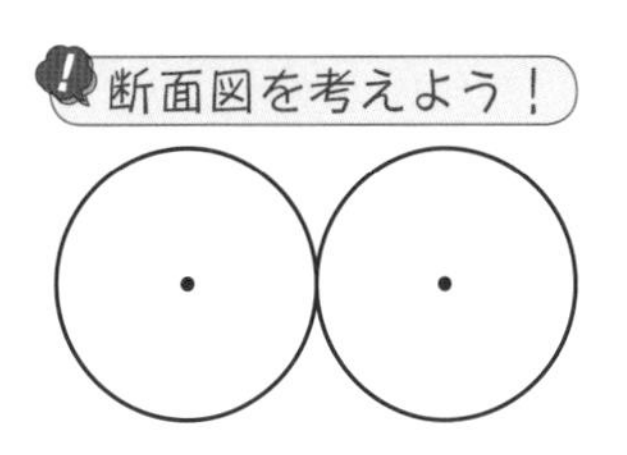

2 底面の円の半径が5cmの円柱の棒(ぼう)7本を，ひもで束(たば)ねて結びます。右の図は，それを上から見たものです。ひもの長さは最低何(さいてい)cm必要(ひつよう)ですか。ただし，結び目の部分にはひもが10cm余計(よけい)に必要です。また，円周率は3.14とします。

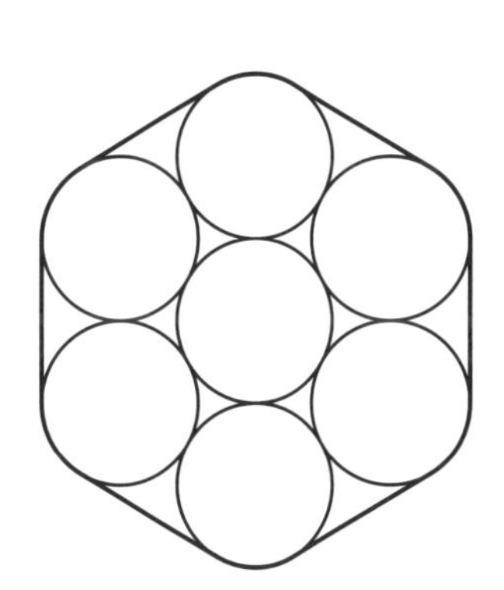

2日目 合同な図形を見つける

例題2-❶

右の図は，同じ大きさの正方形を並べたものです。角 x の大きさは何度ですか。

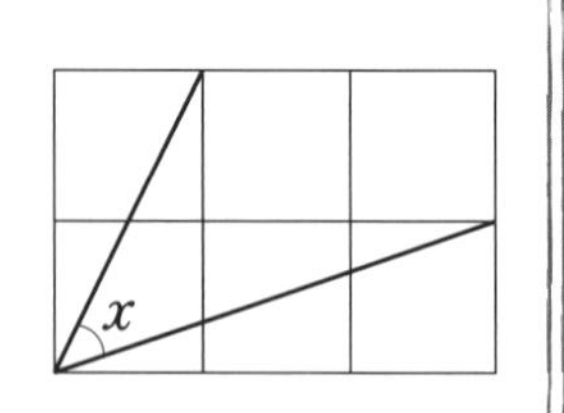

解き方と答え

右の図1のように EF を結びます。三角形 ABE と三角形 DEF において

AB＝DE，AE＝DF，

角 BAE＝角 EDF＝90°

より，三角形 ABE と三角形 DEF は合同になります。

（下の②の合同条件にあてはまります。）

❶ 同じ形で同じ大きさであることを「合同」であるといいます。

図1

A E D F B C x

よって，右の図2で，BE＝EF となることがわかります。

また，○どうし，×どうしの角は等しくなり，

○＋×＝180°−90°＝90°ですから，角 BEF の大きさは

180°−90°＝90°

であることがわかります。

したがって，三角形 EBF は直角二等辺三角形になりますから，角 x は **45°**です。 …答

図2

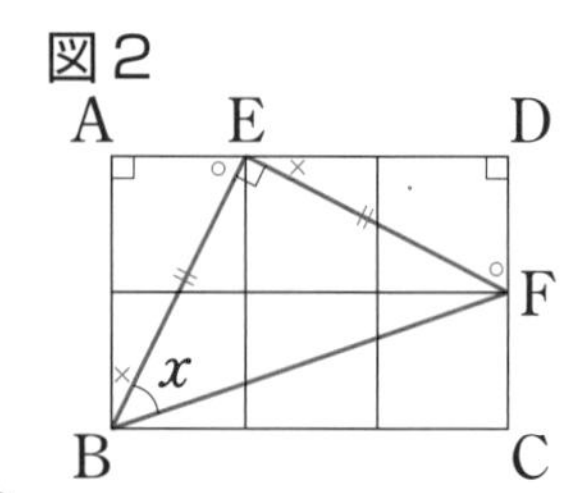

三角形の合同条件

次の3つの条件のうち，どれかがあてはまれば2つの三角形は合同になります。

① **3**組の辺がそれぞれ等しい。
② **2**組の辺とその間の角がそれぞれ等しい。
③ **1**組の辺とその両たんの角がそれぞれ等しい。

ポイント

方眼上の角度問題

2つの合同な直角三角形のしゃ辺を等しい2辺とする直角二等辺三角形を見つけよう！

解答➡別冊５ページ

練習問題 2-❶

1 右の図は，同じ大きさの正方形を並べたものです。角㋐と角㋑の大きさの和は何度ですか。

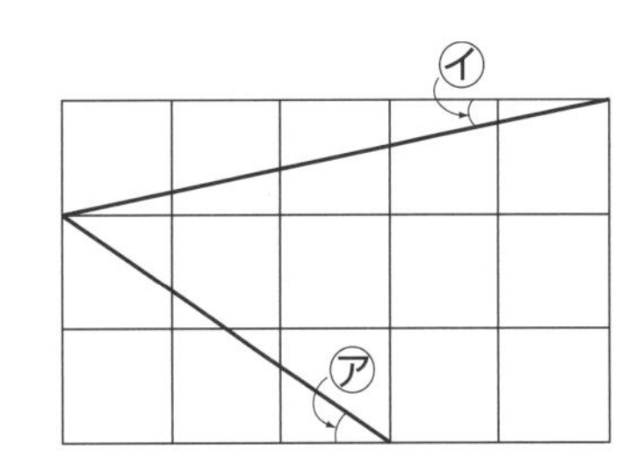

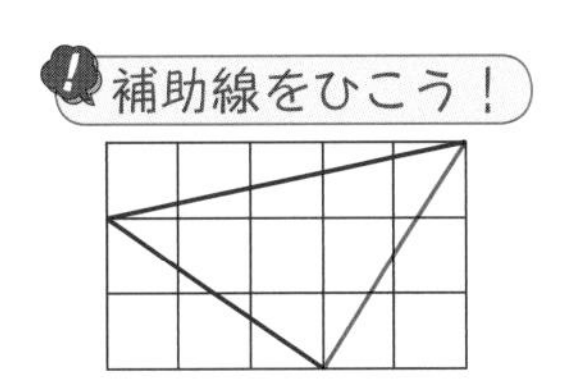

2 右の図の方眼上で，㋐の角と㋑の角の大きさの和は何度ですか。

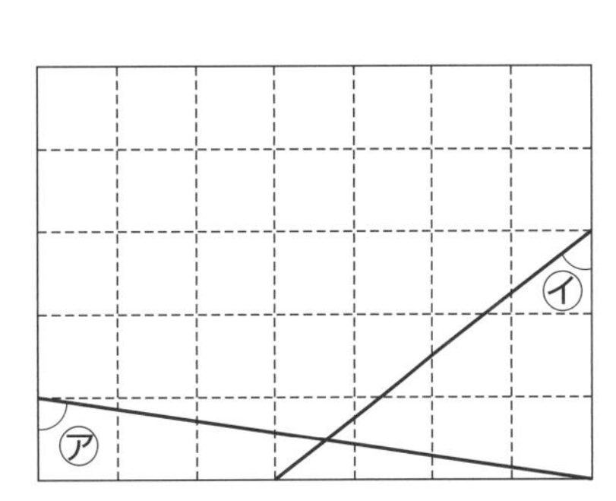

例題2-❷

右の図において，三角形 ABC は直角三角形，三角形 ADB と三角形 ACE はともに正三角形です。角 x の大きさは何度ですか。

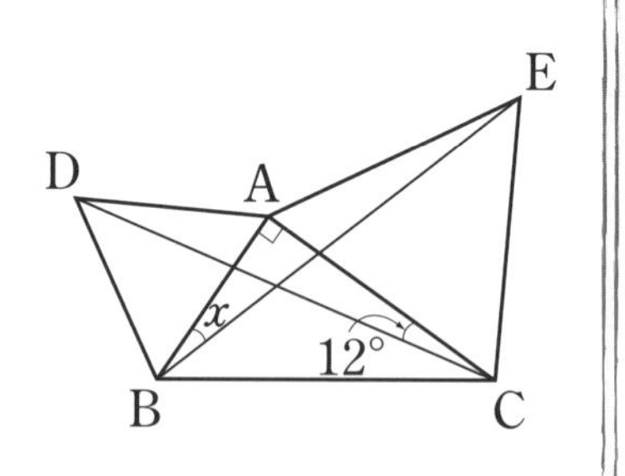

解き方と答え

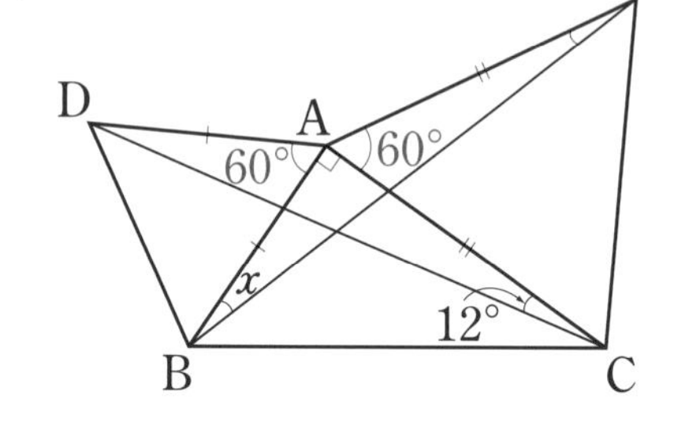

右の図で，三角形 ADC と三角形 ABE において，

三角形 ADB は正三角形ですから

$$AD = AB$$

三角形 ACE は正三角形ですから

$$AC = AE$$

また，角 DAC と角 BAE はともに

$$90° + 60° = 150°$$

で等しくなります。

よって，2組の辺(へん)とその間の角がそれぞれ等しくなっていますから，

三角形 ADC と三角形 ABE は合同 です。

したがって

角 AEB = 角 ACD = 12°

になりますから，角 x の大きさは

$180° - (150° + 12°) =$ **18°** …答

正三角形や正方形が並(なら)んだ図形

等しい辺や等しい角に着目して，合同な三角形を見つけよう！

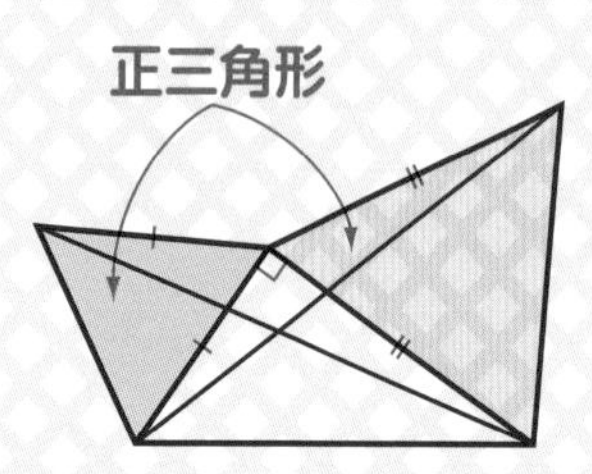

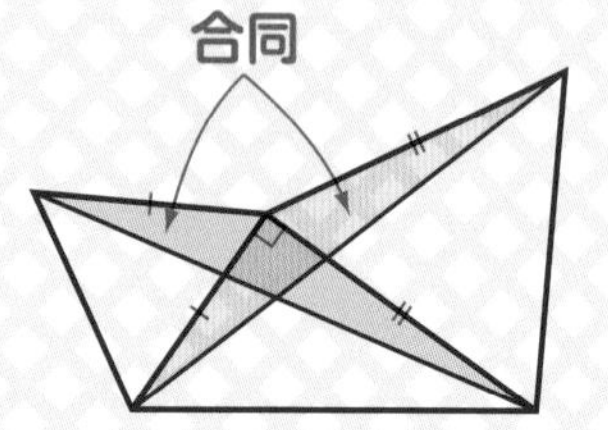

解答➡別冊5ページ

練習問題 2-❷

1 右の図の四角形 ABCD は正方形です。

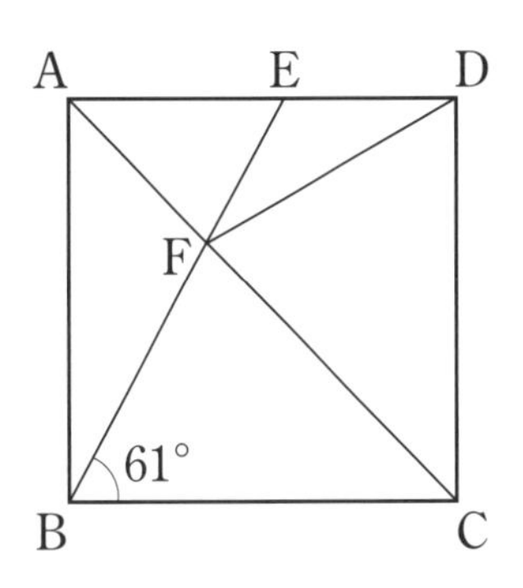

(1) 三角形 ABF と合同な三角形はどれですか。

(2) 角 FBC の大きさが 61° のとき，角 EFD の大きさは何度ですか。

2 右の図の三角形 ABC は BC を底辺(ていへん)とする二等辺三角形で，三角形 ABE と三角形 BCD は正三角形です。

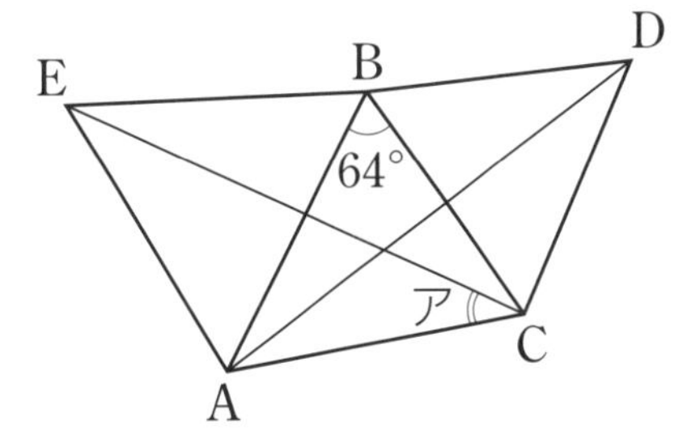

(1) 三角形 ABD と合同な三角形はどれですか。すべて答えなさい。

(2) 角アの大きさは何度ですか。

区切ってたす・囲んでひく

例題3-❶

右の図のしゃ線部分の面積(めんせき)は何 cm^2 ですか。

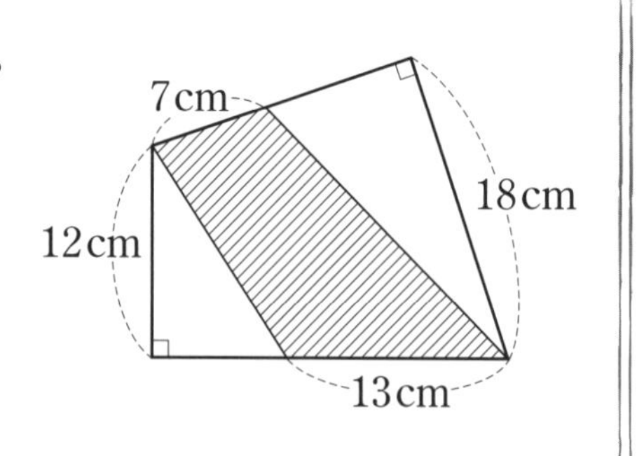

解き方と答え

しゃ線部分の四角形を２つに区切って考えます。

ただし，右の図1のように区切ってしまうと，三角形の高さが２つともわかりません。よって，この場合は，直角の場所に着目して，右の図2のように区切ると，それぞれの三角形の底辺(ていへん)と高さがわかります。

図1

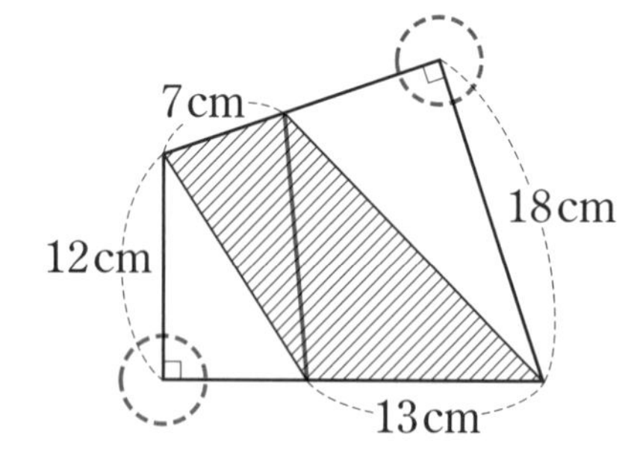

三角形㋐の底辺は 13cm，高さは 12cm ですから，面積は

$13 \times 12 \div 2 = 78(cm^2)$

三角形㋑の底辺は 7cm, 高さは 18cm ですから，面積は

$7 \times 18 \div 2 = 63(cm^2)$

したがって，求(もと)める面積は

$78 + 63 = \mathbf{141}(\mathbf{cm^2})$ …答

図2

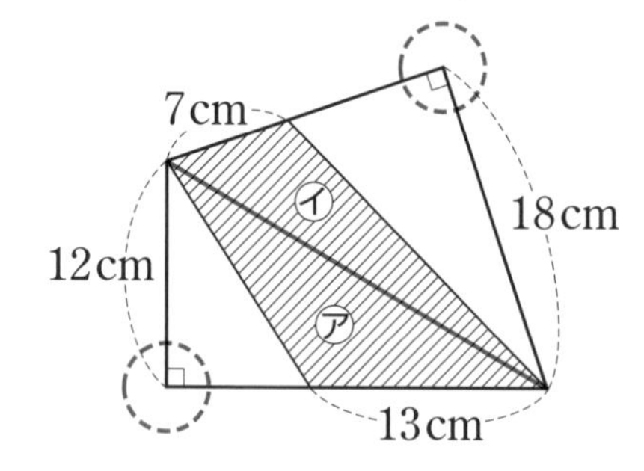

面積がわかる図形に区切って，それぞれの図形の面積を求めて合計しよう！

練習問題 3-❶

1 右の図のしゃ線部分の面積は何cm² ですか。

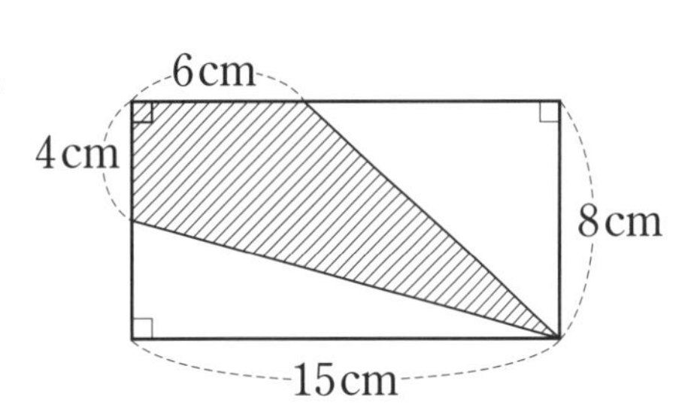

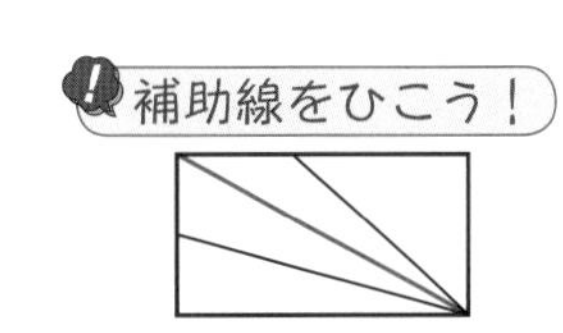

2 右の図のしゃ線部分の面積は何cm² ですか。

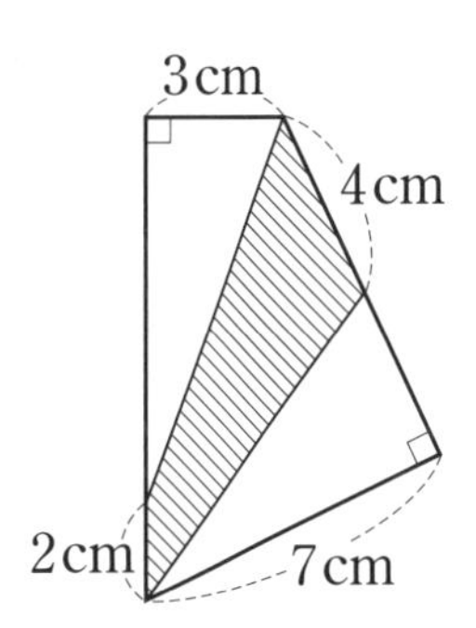

例題3-❷

右の図で，点Aは半円の弧の真ん中の点です。しゃ線部分の面積は何 cm² ですか。ただし，円周率は3.14とします。

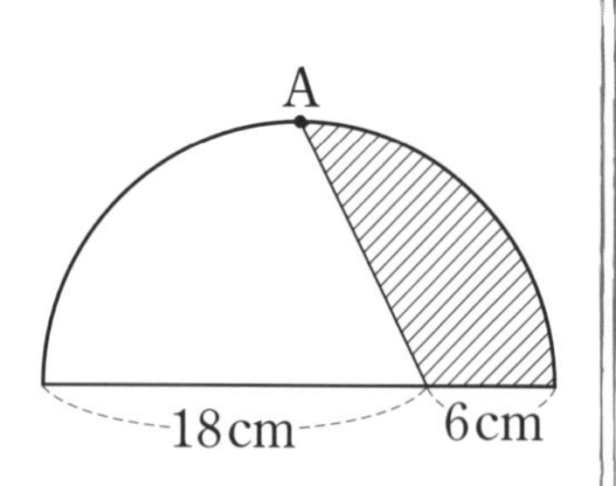

解き方と答え

まず，右の図1のように点Aと円の中心Oを結びます。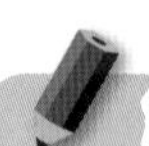

↑ 円周上の特別な点は，中心と結んで考える

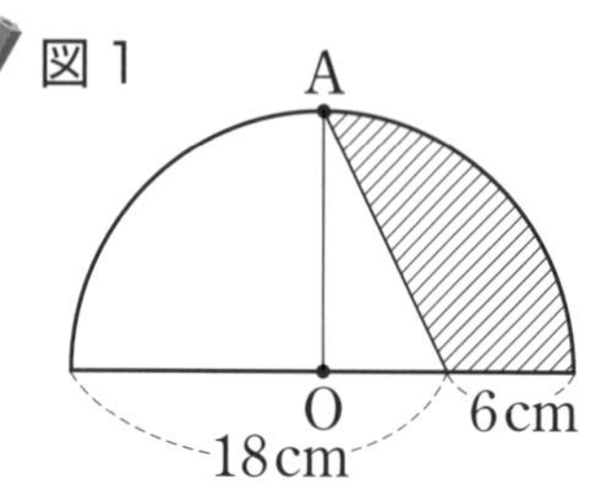

すると，右の図2のようにしゃ線部分の面積は，おうぎ形AOCの面積から三角形AOBの面積をひくと求められることがわかります。点Aは半円の弧の真ん中の点ですから

角 AOC＝180°÷2＝90°

半円の半径は

(18＋6)÷2＝12(cm)

より　OB＝12－6＝6(cm)

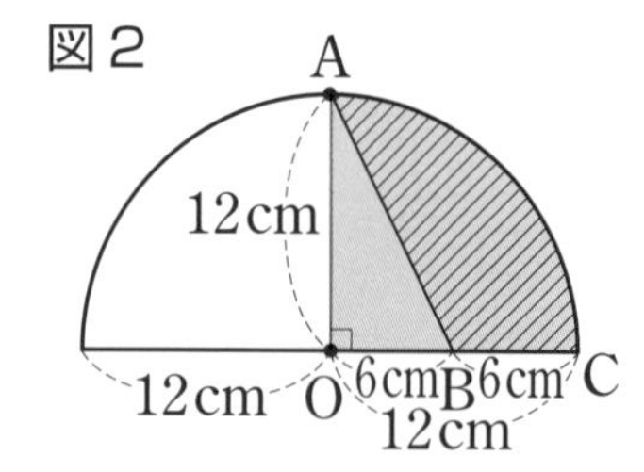

したがって，求める面積は

$12\times12\times3.14\times\frac{90}{360}-6\times12\div2$

↑ おうぎ形の面積＝半径×半径×円周率×$\frac{中心角}{360}$

$=36\times3.14-36$

$=$ **77.04(cm²)**　…答

ポイント

面積のわかる図形で囲んで，全体の面積からいらない部分の面積をひいて求めよう！

解答➡別冊７ページ

練習問題 3-❷

1 右の図は，中心角が 90° のおうぎ形と半円を２つ組み合わせたものです。しゃ線部分の面積を求めなさい。ただし，円周率は 3.14 とします。

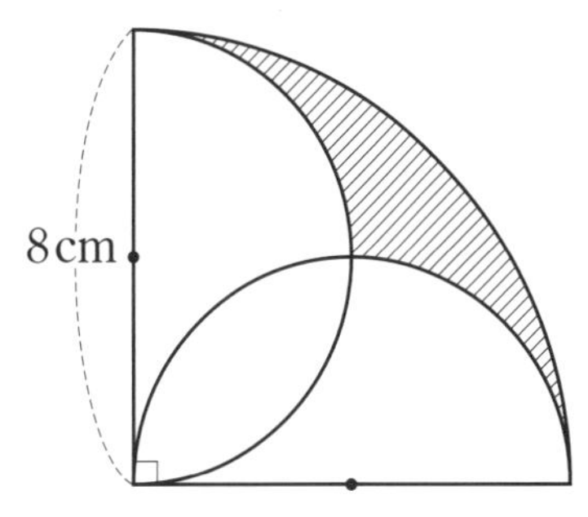

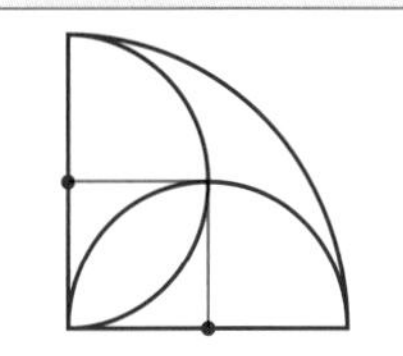

2 右の図は，正方形と直角二等辺三角形を組み合わせています。しゃ線の四角形の面積は何 cm² ですか。

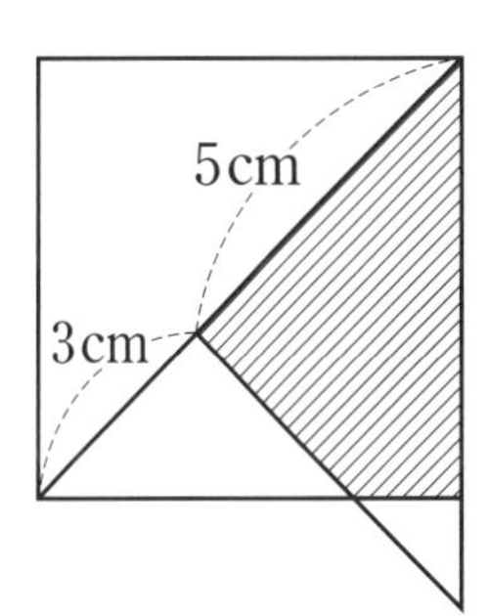

解答➡別冊 8 ページ

1 右の図の●は，円周(えんしゅう)の 5 等分点です。角 x の大きさは何度ですか。

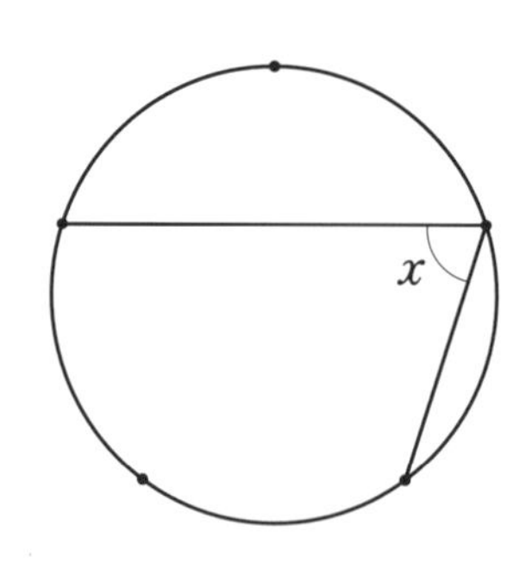

2 右の図で，点 O はこの円の中心です。角 x の大きさは何度ですか。

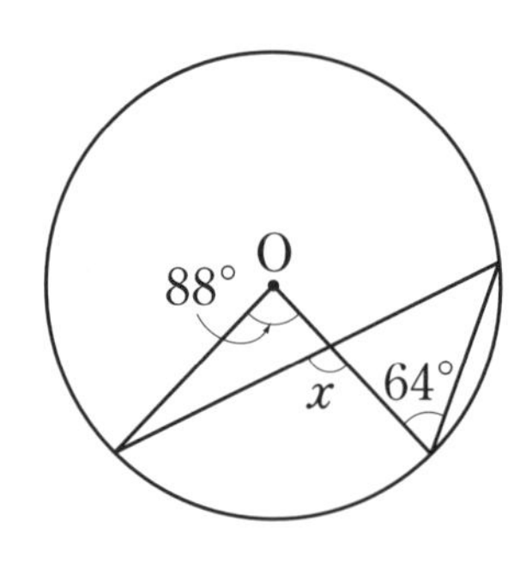

3 右の図は，1 辺(へん)の長さが 12cm の正方形の中に，おうぎ形を 4 つかいたものです。しゃ線部分のまわりの長さは何 cm ですか。ただし，円周率(りつ)は 3.14 とします。

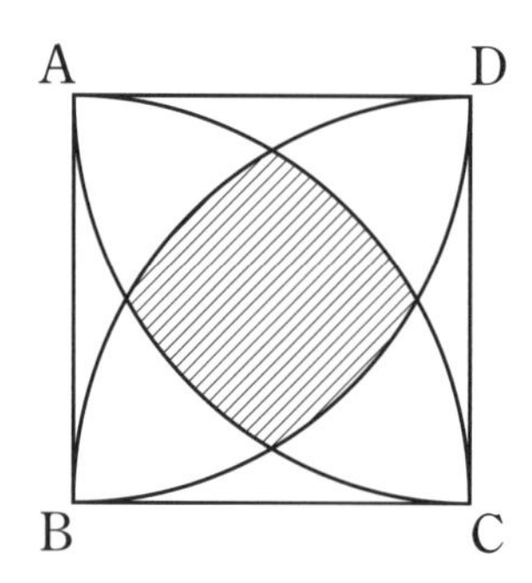

4 底面の円の半径が5cmの円柱を次の図の㋐，㋑のようにひもで結んだとき，どちらがどれだけひもを長く使いますか。ひもがたるんだり，ななめになることはなく，結び目の長さは考えないものとします。ただし，円周率は3.14とします。

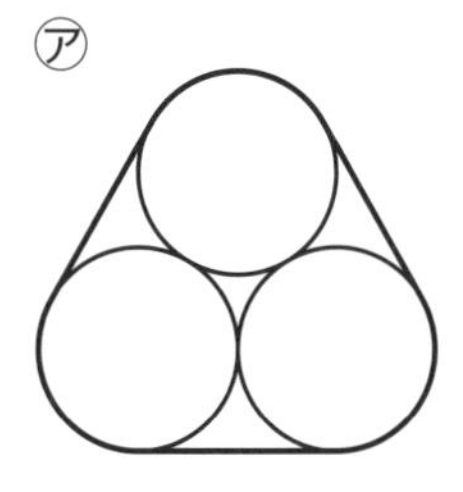

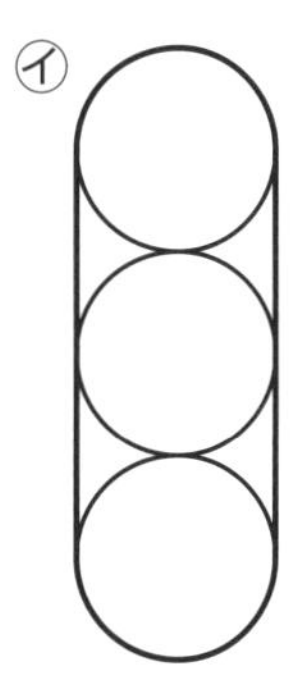

5 右の図は正方形のます目の方眼紙を使ってかいた三角形です。角ABCの大きさを求めなさい。

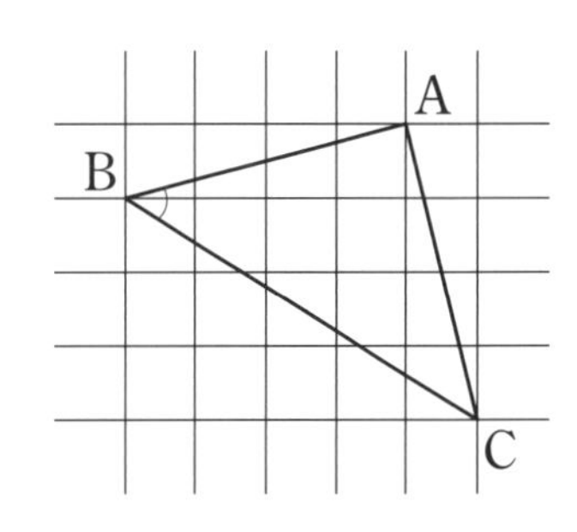

6 右の図において，四角形ABCDと四角形AEFGはともに正方形です。角 x の大きさは何度ですか。

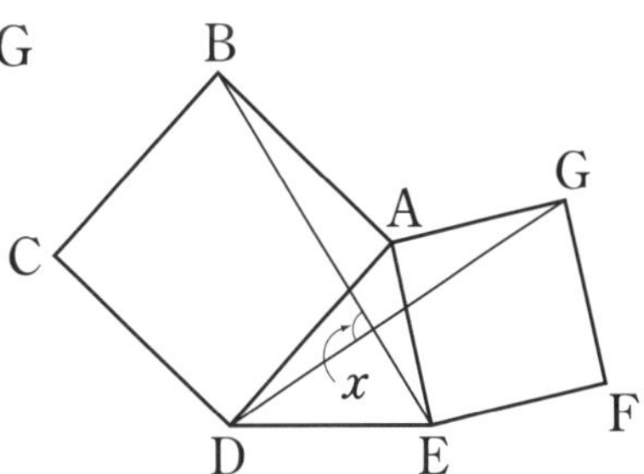

7 右の図の，しゃ線部分の面積(めんせき)を求(もと)めなさい。

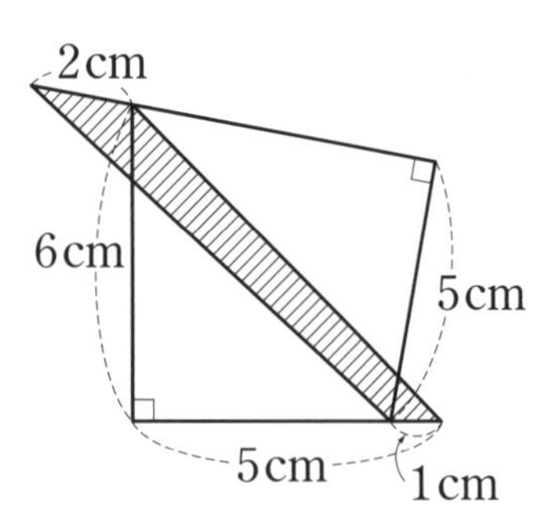

8 右の図の四角形 ABCD は1辺(ぺん)が 8cm の正方形です。しゃ線部分の面積は何 cm^2 ですか。ただし，円周率(えんしゅうりつ)は 3.14 とします。

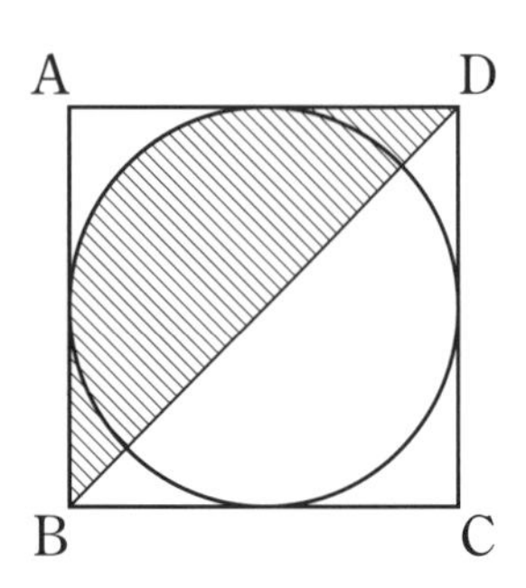

9 右の図のしゃ線部分の四角形は正方形になります。この正方形の1辺の長さは何 cm ですか。

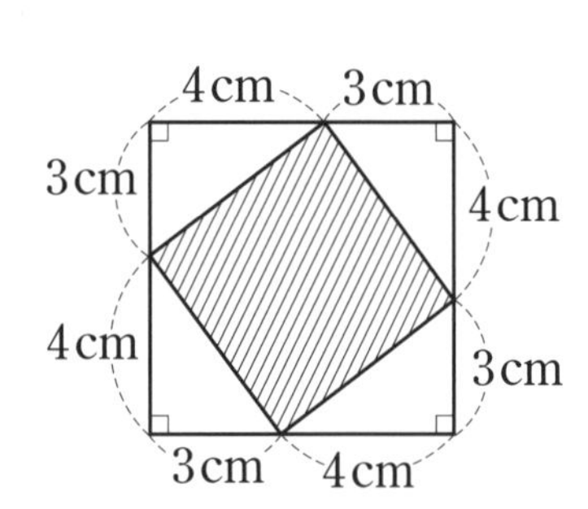

10 直角をはさむ２辺の長さがそれぞれ 20cm，15cm の直角二等辺三角形を右の図のように重ねました。しゃ線部分の面積は何 cm^2 ですか。

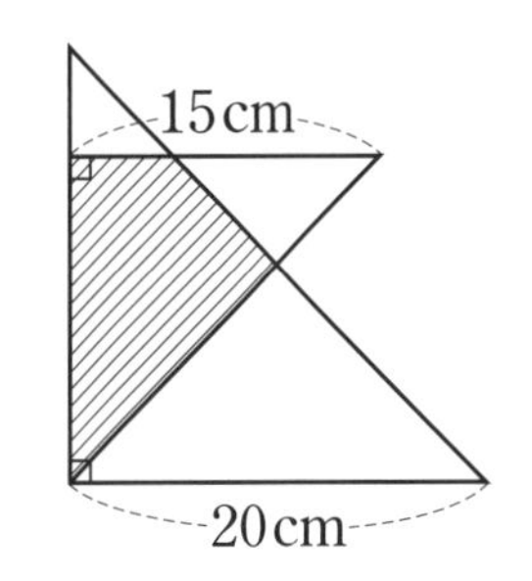

11 右の図は，１辺が 8cm の正方形の内部に半円とおうぎ形をかいたものです。しゃ線部分の面積は何 cm^2 ですか。ただし，円周率は 3.14 とします。

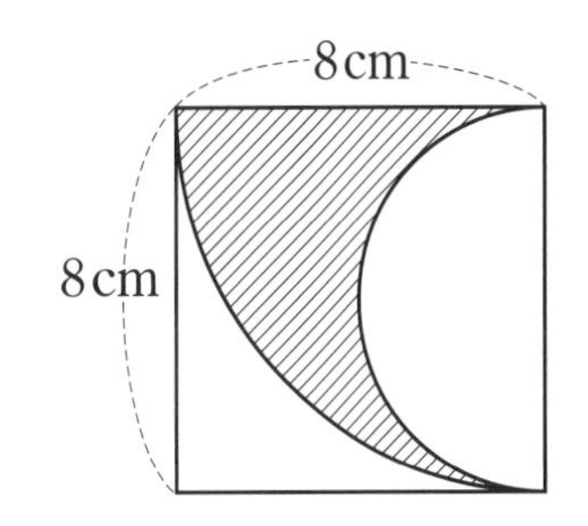

12 右の図は，半円と直角二等辺三角形を組み合わせたものです。しゃ線部分の面積は何 cm^2 ですか。ただし，円周率は 3.14 とします。

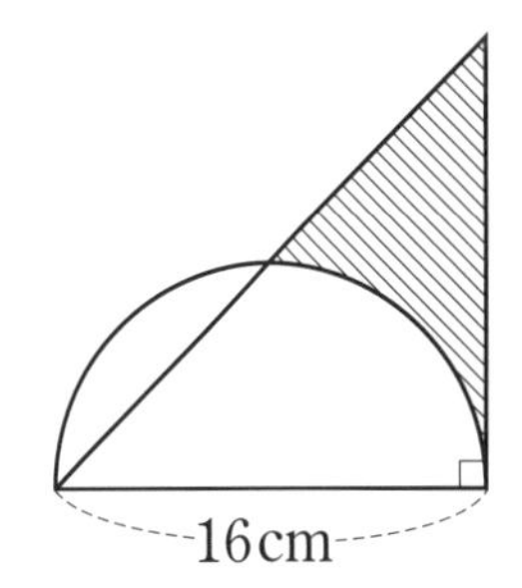

5日目 30度定規形を作る

例題5-❶

右の図のように，半径 12cm，中心角 30° のおうぎ形 OAB があります。しゃ線部分の面積は何 cm² ですか。ただし，円周率は 3.14 とします。

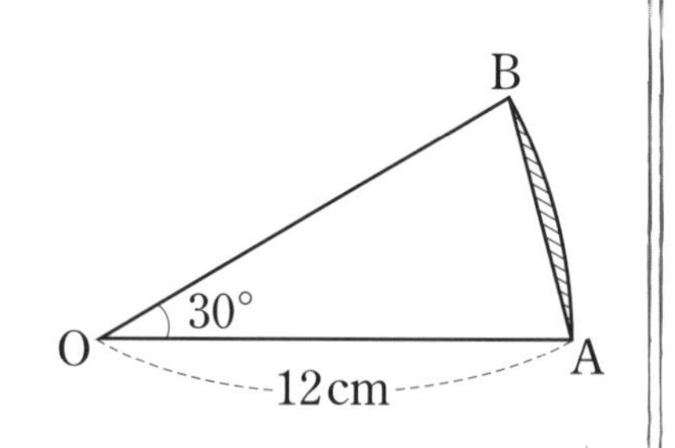

解き方と答え

おうぎ形 OAB の面積から三角形 OAB の面積をひいて求めます。

まず，おうぎ形 OAB の面積を求めると

$$12\times12\times3.14\times\frac{30}{360}=12\times3.14=37.68(\mathrm{cm}^2)$$

次に，三角形 OAB の面積を考えます。右の図1のように，底辺を OA としたときの高さは BH になりますから，BH の長さがわかれば面積もわかります。

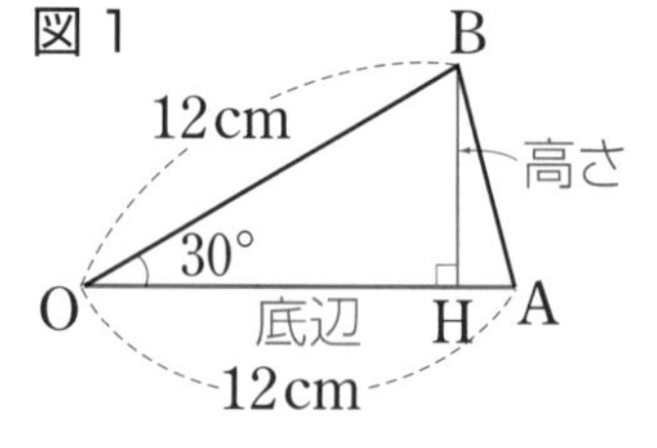

角 OBH の大きさは

$$180°-(30°+90°)=60°$$

ですから，BH の長さは，右の図2のような正三角形を2等分してできた直角三角形の辺の長さ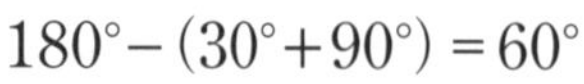になります。

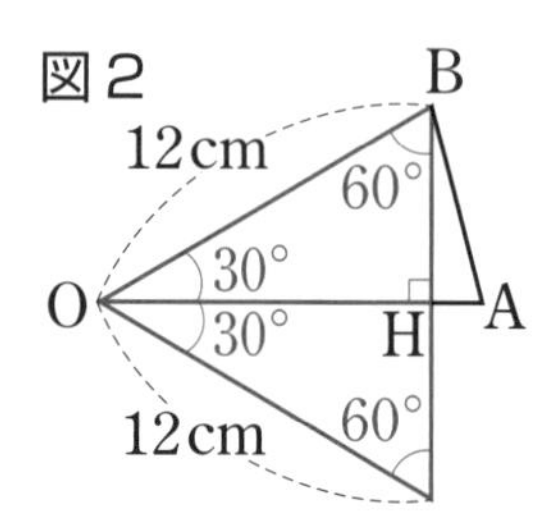

これより，BH の長さは

$$12\div2=6(\mathrm{cm})$$

とわかりますから，三角形 OAB の面積は

$$12\times6\div2=36(\mathrm{cm}^2)$$

したがって，求める面積は　$37.68-36=\mathbf{1.68}(\mathbf{cm}^2)$　…答

ポイント

長さや面積を求める問題で，「30°」の角がある図形では，「30° 定規形」を作って考えよう！

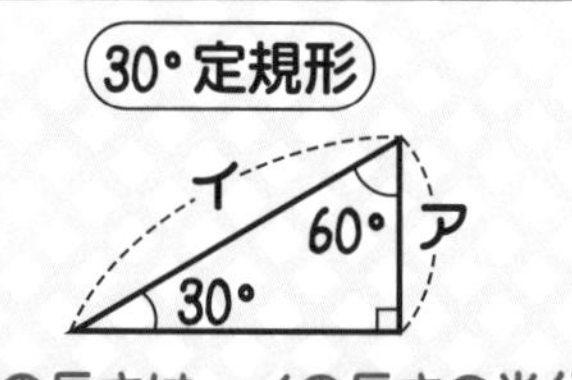

アの長さは，イの長さの半分

練習問題 5-❶

1 右の図の三角形 ABC の面積は何 cm^2 ですか。

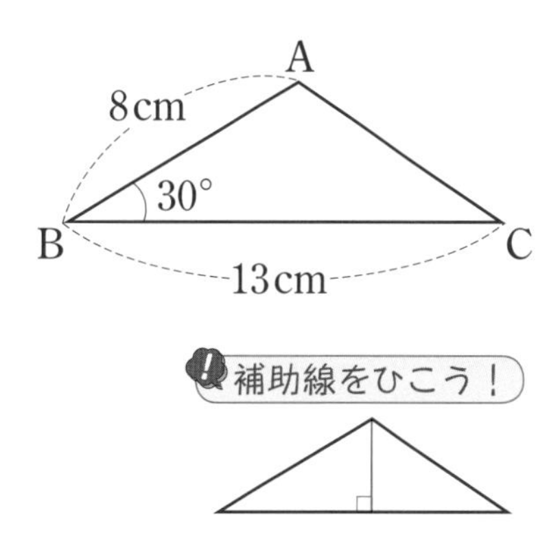

2 図のように，半径 6cm，中心角 75° のおうぎ形の一部を折（お）り返しました。しゃ線部分の面積は何 cm^2 ですか。ただし，円周率は 3.14 とします。

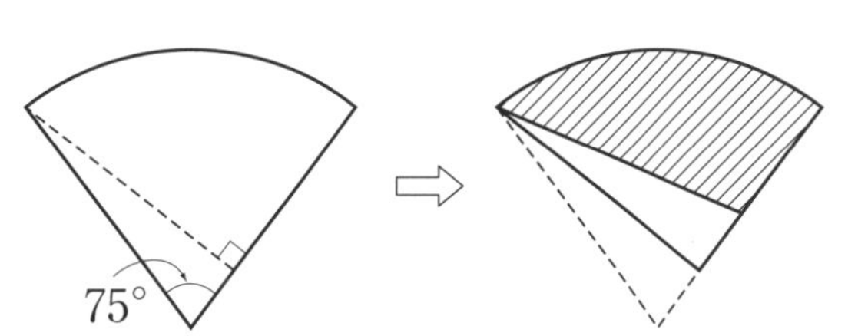

例題5-❷

図のように半径(はんけい)6cmの半円を直線で図形アと図形イに分けます。図形イの面積(めんせき)は何cm^2ですか。ただし，円周率(えんしゅうりつ)は3.14とします。

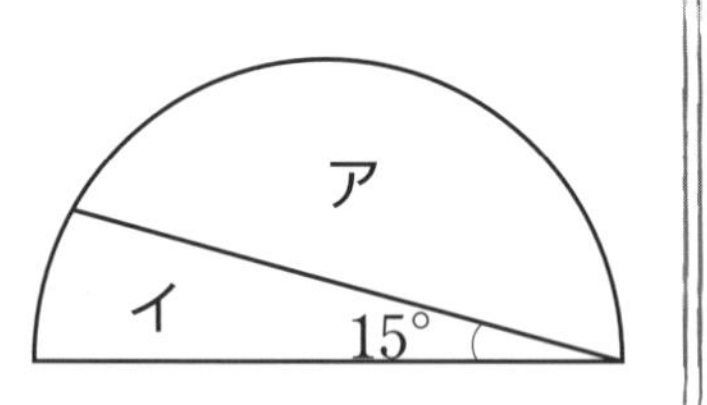

解き方と答え

まず，右の図1のように点Aと円の中心Oを結(むす)び，図形イをおうぎ形AOBと三角形AOCに分けます。

図1

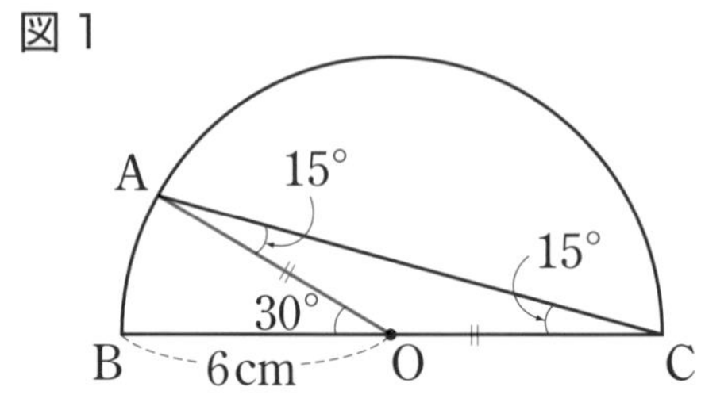

三角形AOCは，AO＝COとなる二等辺三角形(にとうへんさんかくけい)であることから，角AOBの大きさは

$15° + 15° = 30°$

とわかります。よって，おうぎ形AOBの面積は

$$6 \times 6 \times 3.14 \times \frac{30}{360} = 3 \times 3.14 = 9.42 (cm^2)$$

次に，三角形AOCの面積を考えます。

右の図2のように，底辺(ていへん)をOCとしたときの高さはAHとなりますから，AHの長さがわかれば面積もわかります。

図2

A 6cm 30° H O 6cm C

例題5-❶と同様に考えると，三角形AHOは，1辺が6cmの正三角形を2等分してできた直角三角形ですから，AHの長さは

$6 \div 2 = 3 (cm)$

三角形AOCの面積は

$6 \times 3 \div 2 = 9 (cm^2)$

したがって，求(もと)める面積は

$9.42 + 9 = \mathbf{18.42} (\mathbf{cm^2})$ …答

「15°」や「150°」の角がある問題でも「30°定規形(じょうぎがた)」を作って考えよう。

解答➡別冊11ページ

練習問題 5-❷

1 右の図の三角形 ABC の面積は何 cm^2 ですか。

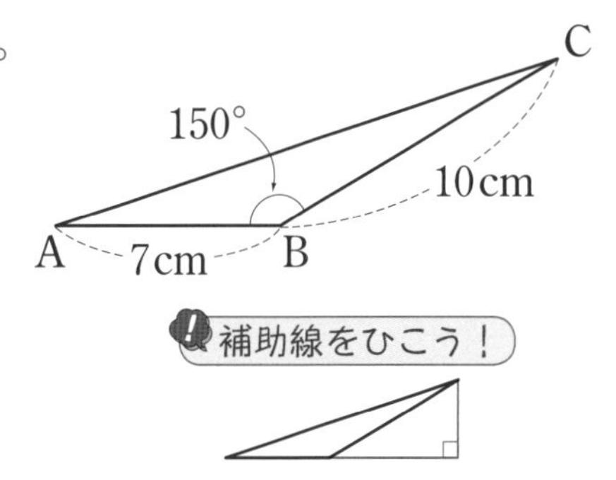

2 右の図は，半径 12cm，中心角 150°のおうぎ形です。しゃ線部分の面積は何 cm^2 ですか。ただし，円周率は 3.14 とします。

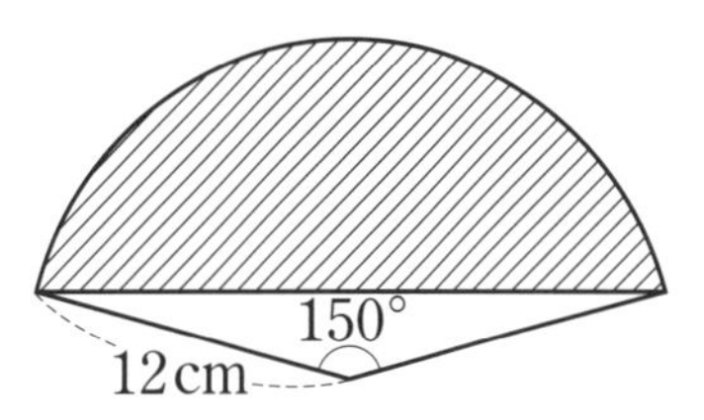

6日目 図形の式で考える

例題6-❶

右の図は，半円と正方形を組み合わせた図形で，点Eは弧の真ん中の点です。しゃ線部分の面積は何 cm^2 ですか。ただし，円周率は3.14とします。

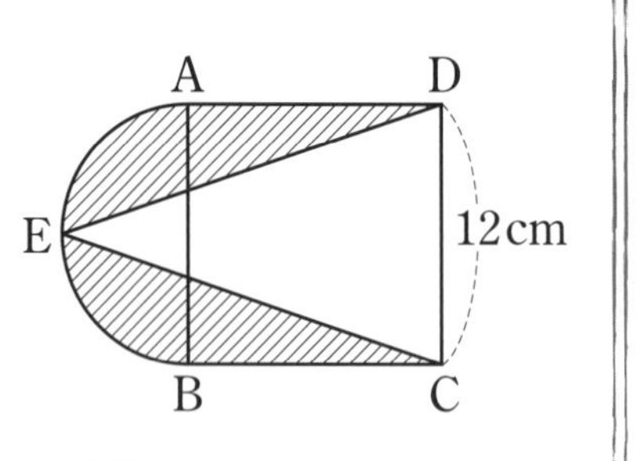

解き方と答え

図形全体の面積から，いらない部分の面積をひいて求めます。これを「図形の式」で考える と下のようになります。

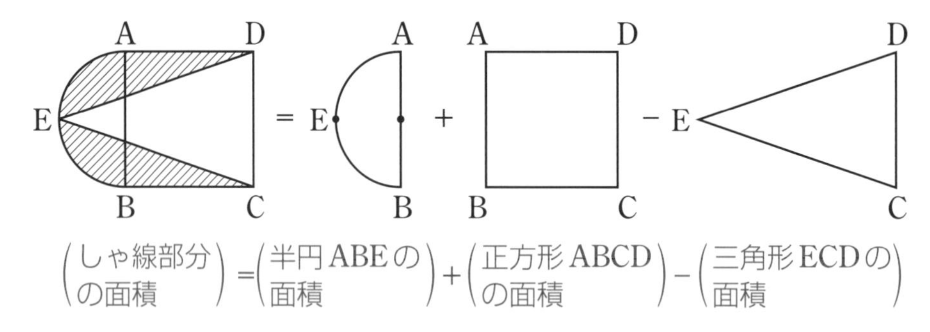

（しゃ線部分の面積）＝（半円ABEの面積）＋（正方形ABCDの面積）－（三角形ECDの面積）

以上より，求める面積は

$$6 \times 6 \times 3.14 \times \frac{1}{2} + 12 \times 12 - 12 \times 18 \div 2$$

$= 56.52 + 144 - 108$

$= \mathbf{92.52}$ **(cm²)** …答

いろいろな図形を組み合わせた図形の面積は，
図形の式をかいて考えよう！

練習問題 6-❶

1 右の図のように，正方形と２つのおうぎ形を組み合わせた図形があります。このとき，しゃ線部分の面積は何 cm^2 ですか。ただし，円周率は3.14とします。

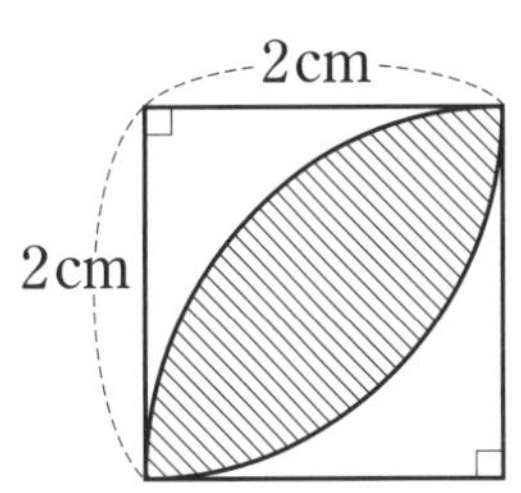

2 右の図のように，正方形とおうぎ形を組み合わせた図形があります。このとき，しゃ線の部分の面積は何 cm^2 ですか。ただし，円周率は3.14とします。

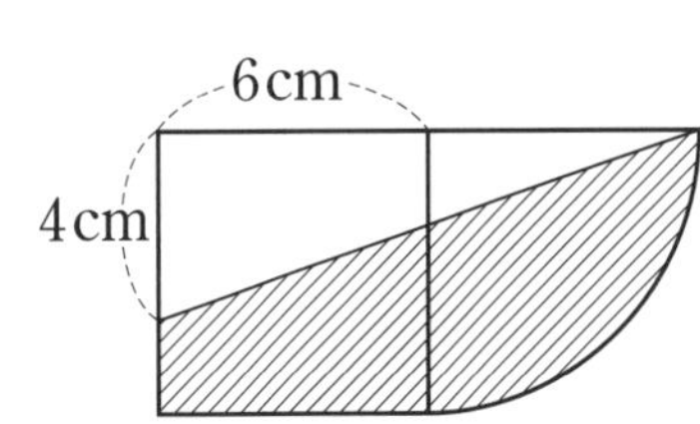

例題6-❷

右の図のような半径(はんけい)6cm のおうぎ形があります。しゃ線部分の面積(めんせき)を求め(もと)なさい。ただし，円周率(えんしゅうりつ)は 3.14 とします。

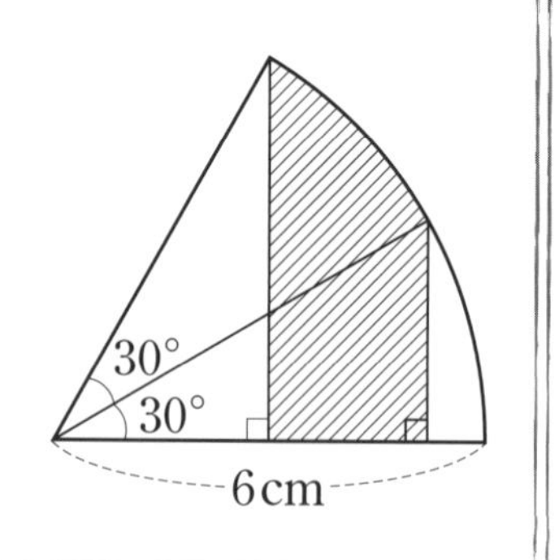

解き方と答え

面積のわかる図形を組み合わせた図形から，いらない部分の面積をひいて求めます。これを「図形の式」で考えると下のようになります。

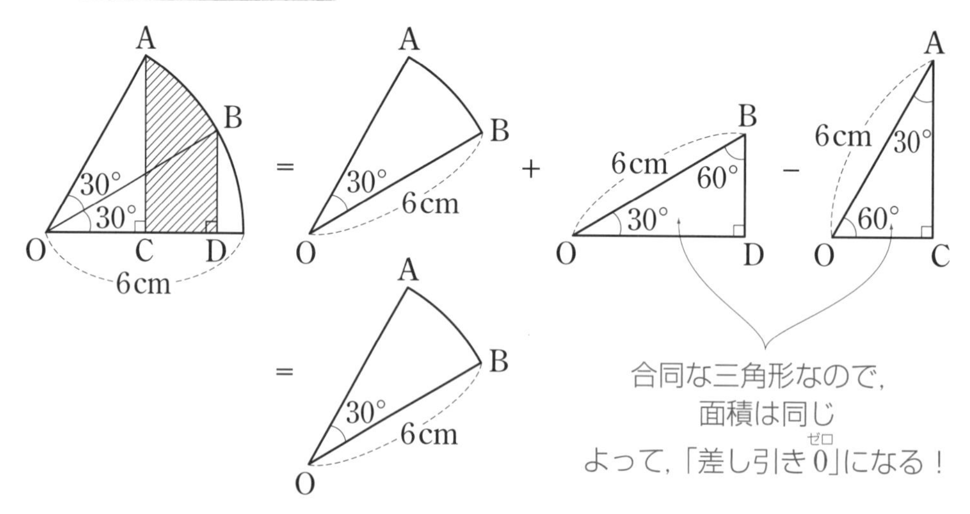

三角形 OBD と三角形 AOC は合同な三角形で，面積は同じになりますから，しゃ線部分の面積はおうぎ形 AOB の面積に等しくなることがわかります。

よって，求める面積は

$$6\times6\times3.14\times\frac{30}{360}=3\times3.14=\mathbf{9.42}(\mathbf{cm^2})$$ …答

「図形の式」をかいて，差し引き0(ゼロ)になる部分を見つけよう！

解答➡別冊12ページ

練習問題 6-❷

1 右の図は，直径12cmの半円を真上に4cm移動(いどう)したものです。弧(こ)が動いたあとにできる部分(しゃ線部分)の面積は何cm²ですか。

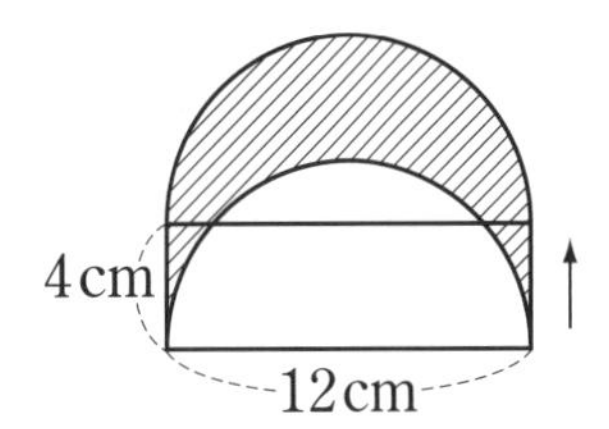

2 右の図は，直角三角形の3つの辺(へん)を直径とする半円をかいたものです。かげの部分の面積を求めなさい。ただし，円周率は3.14とします。

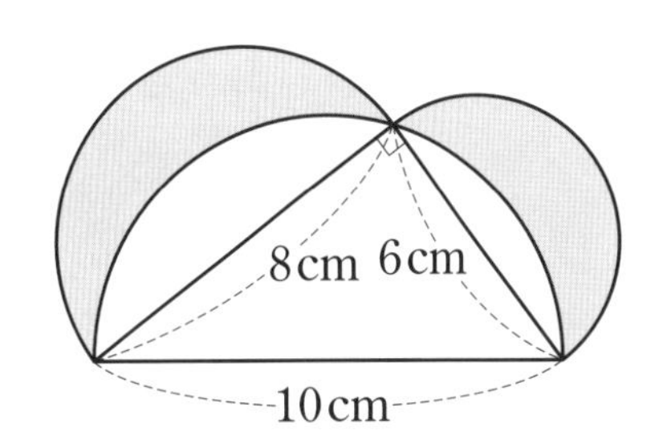

7日目 等しい面積をつけ加える

例題7－❶

右の図のように1辺の長さが10cmの正方形があります。点Bを中心とする円の一部をかき，点Eと点Dを直線で結びました。しゃ線部分アとイの面積が等しいとき，BEの長さを求めなさい。ただし，円周率は3.14とします。

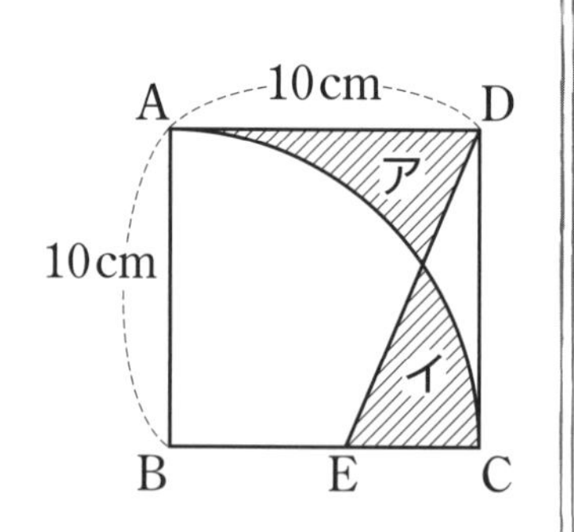

解き方と答え

アやイの部分の面積を求めることはできませんから，アとイ両方の図形に同じ図形をつけ加えて考えます。

右の図で，アとイの部分の面積が等しいとき，ア＋ウとイ＋ウの部分の面積は等しくなります。

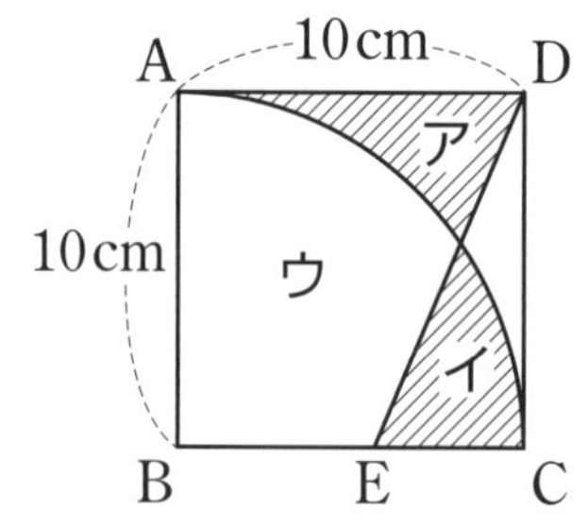

イ＋ウの面積（おうぎ形ABCの面積）は

$10\times10\times3.14\times\frac{1}{4}=25\times3.14$

$=78.5(\text{cm}^2)$

よって，ア＋ウの面積（台形ABEDの面積）も78.5cm^{2}になります。

BE＝□cmとして，式をつくると

$(10+\square)\times10\div2=78.5$

$\square=78.5\times2\div10-10$

$=\mathbf{5.7(cm)}$ …答

ポイント

等しい面積（アとイ）に等しい面積（ウ）を加えても面積は等しい。

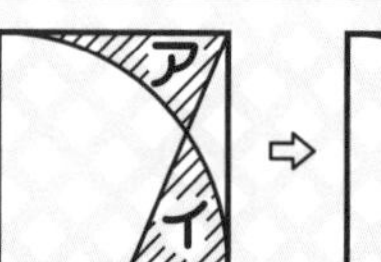

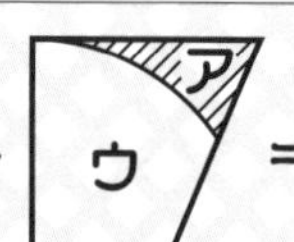

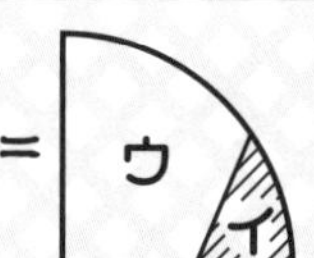

ア＝イのとき　ア＋ウ　＝　イ＋ウ

解答➡別冊13ページ

練習問題 7-❶

1 右の図は，直角三角形とおうぎ形を組み合わせたものです。2つのかげの部分の面積が等しいとき，xの長さは何cmですか。ただし，円周率は3.14とします。

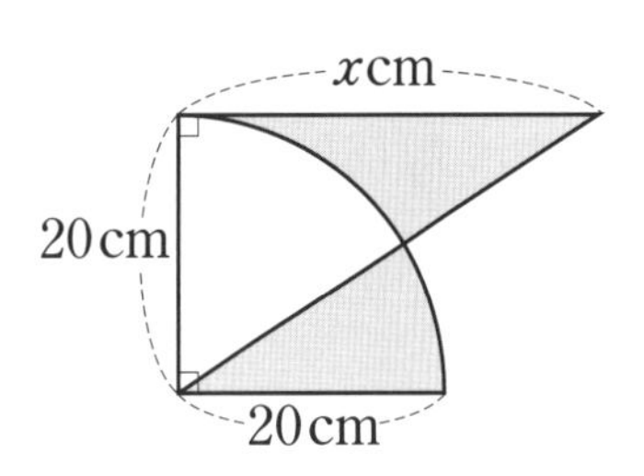

2 右の図の四角形ABCDは，AB＝10cm，BC＝20cmの長方形で，曲線はBCを直径（ちょっけい）とする円の半分です。㋐の部分の面積と㋒の部分の面積の和が㋑の部分の面積と等しいとき，CEの長さは何cmですか。ただし，円周率は3.14とします。

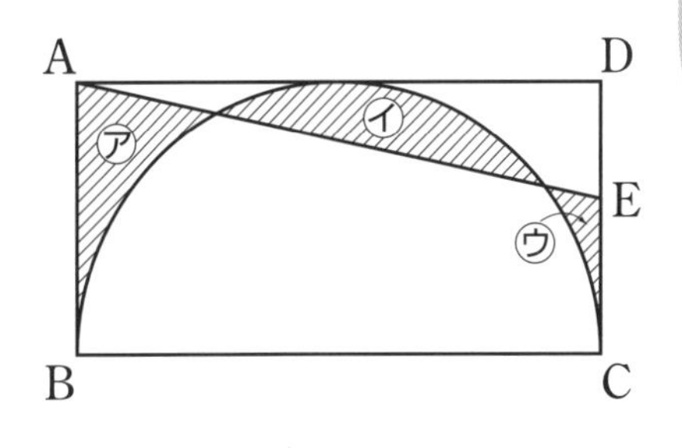

例題7-❷

右の図のような半円とおうぎ形を組み合わせた図形があります。
しゃ線部分㋐とかげの部分㋑の面積(めんせき)の差(さ)を求(もと)めなさい。
ただし，円周率(えんしゅうりつ)は3.14とします。

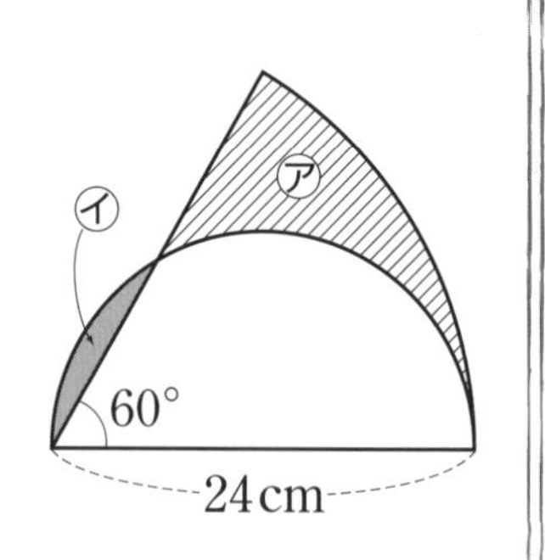

解き方と答え

㋐や㋑の部分の面積を求めることはできませんから，**㋐と㋑両方の図形に同じ図形をつけ加えて考えます。**

右の図で，㋐と㋑の部分の面積の差は，㋐＋㋒と㋑＋㋒の部分の面積の差に等しくなります。

㋐＋㋒の面積（おうぎ形の面積）は

$$24\times24\times3.14\times\frac{60}{360}$$

$$=96\times3.14\,(\mathrm{cm}^2)$$

㋑＋㋒の面積（半円の面積）は

$$12\times12\times3.14\times\frac{1}{2}=72\times3.14\,(\mathrm{cm}^2)$$

したがって，求める面積の差は

$$96\times3.14-72\times3.14=(96-72)\times3.14$$

$$=24\times3.14$$

$$=\mathbf{75.36\,(cm^2)}\quad\cdots答$$

そのままでは求めにくい2つの図形の面積の差を求めるときは，両方の図形に同じ図形を組み合わせて考えよう！

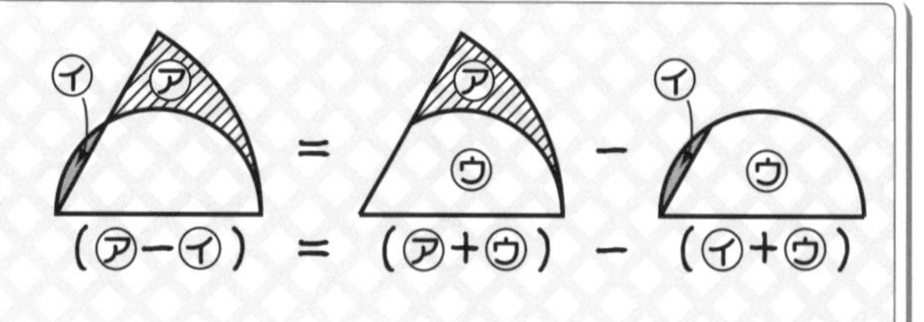

練習問題 7-❷

1 右の図は，長方形と半円を組み合わせ，長方形の対角線を1本ひいた図です。このとき，□の部分と□の部分の面積の差を求めなさい。ただし，円周率は3.14とします。

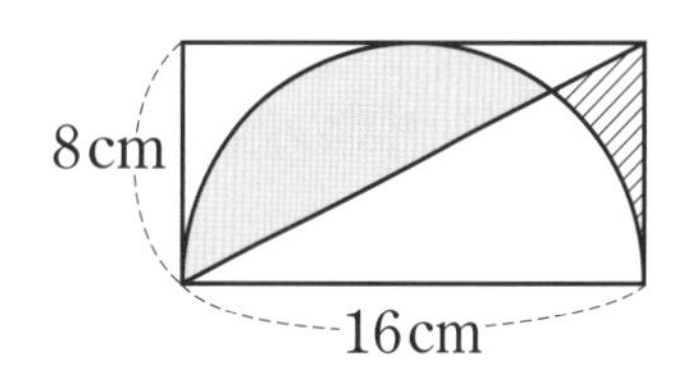

2 右の図のように，点Oを中心とするおうぎ形があり，角AOBは直角です。円周の上に点Cをとり，半径（はんけい）CO, BOの上にそれぞれ点P, Qをとります。このとき，点Pは半径COの真ん中の点で，角APOと角CQOも直角になりました。かげの部分アの面積と，かげの部分イの面積の差は何cm^2ですか。ただし，円周率は3.14とします。

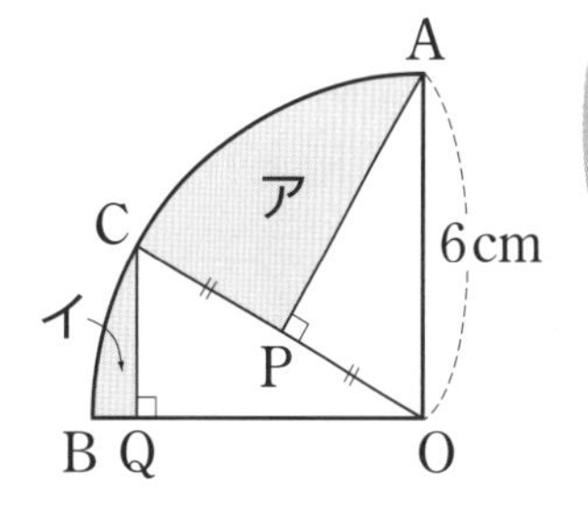

1 右の図の四角形の面積を求めなさい。

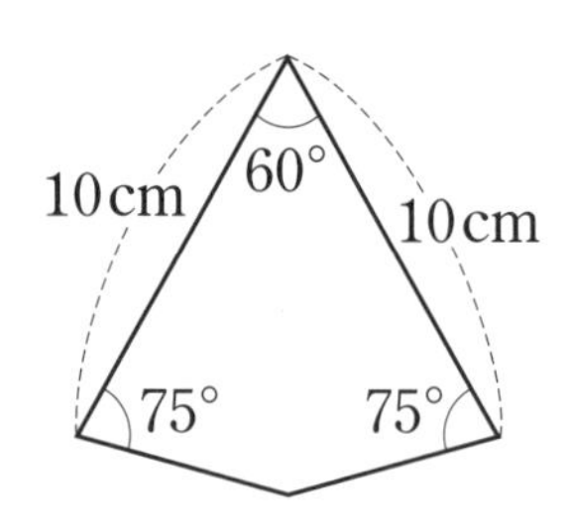

2 右の図の直角三角形の面積を求めなさい。

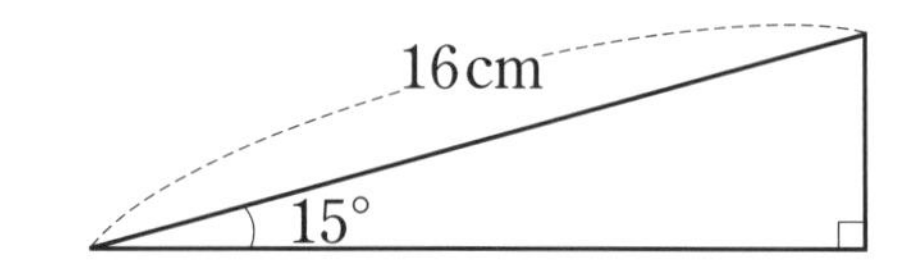

3 右の図で，正三角形 ABE と正方形 BCDE の 1 辺の長さは 20cm です。三角形 ABC の面積は何 cm² ですか。

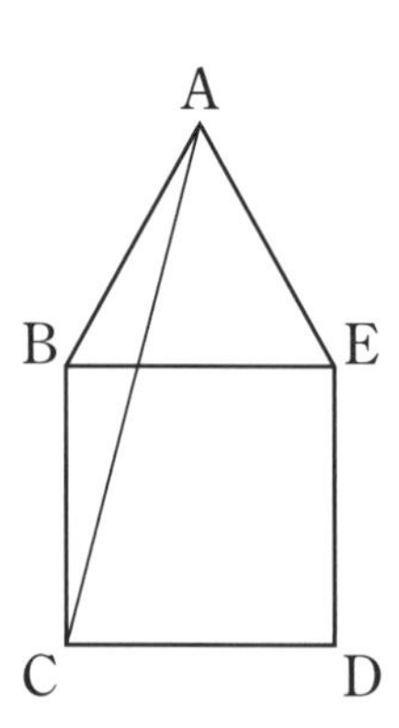

4 右の図のように，直径(ちょっけい) 24cm の半円があります。しゃ線部分の面積は何 cm² ですか。ただし円周率(えんしゅうりつ)は 3.14 とします。

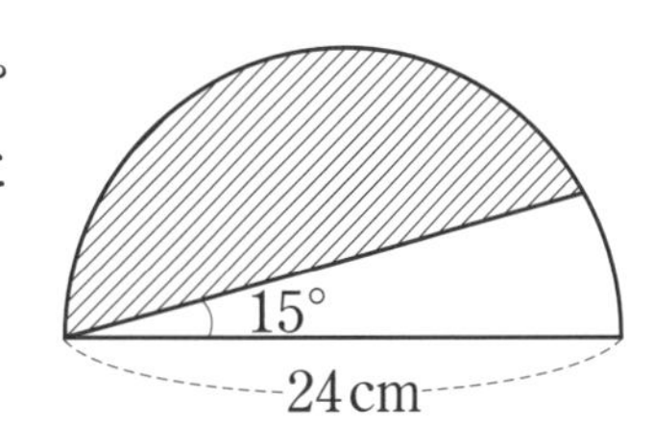

5 右の図のように，正方形と 4 つの半円を組み合わせた図形があります。しゃ線部分の面積は何 cm² ですか。ただし，円周率は 3.14 とします。

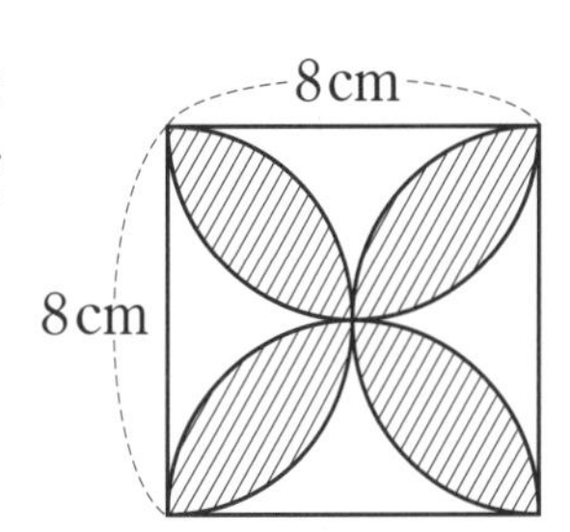

6 右の図のように，2 つの半円を組み合わせた図形があります。しゃ線部分の面積は何 cm² ですか。ただし，円周率は 3.14 とします。

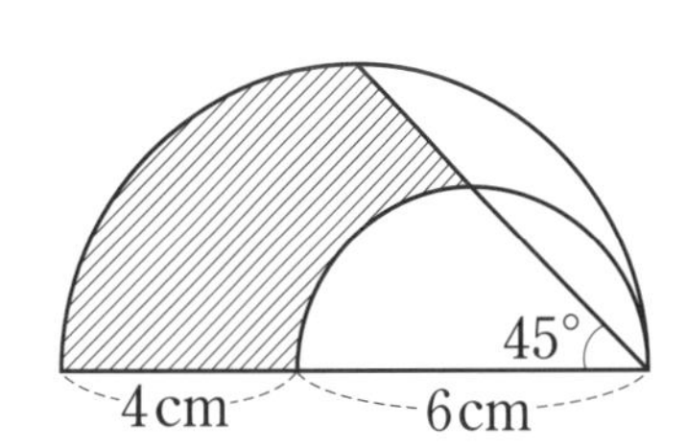

7 右の図のように，対角線が 12cm の正方形を 30°回転させたとき，しゃ線部分の面積(めんせき)は何 cm^2 ですか。

ただし，円周率(えんしゅうりつ)は 3.14 とします。

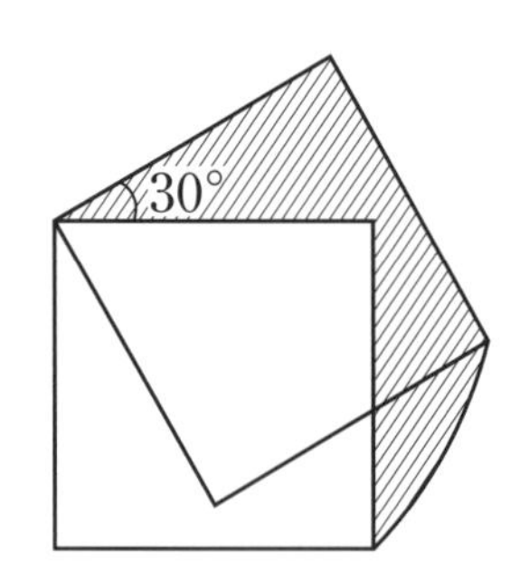

8 右の図のおうぎ形 OAB は，半径(はんけい) 10cm で，中心角は 72 度です。点 C は弧(こ) AB 上にあり，A，C から OB に垂直な線をひき，その交点が D，E です。

しゃ線部分の面積は何 cm^2 ですか。ただし，円周率は 3.14 とします。

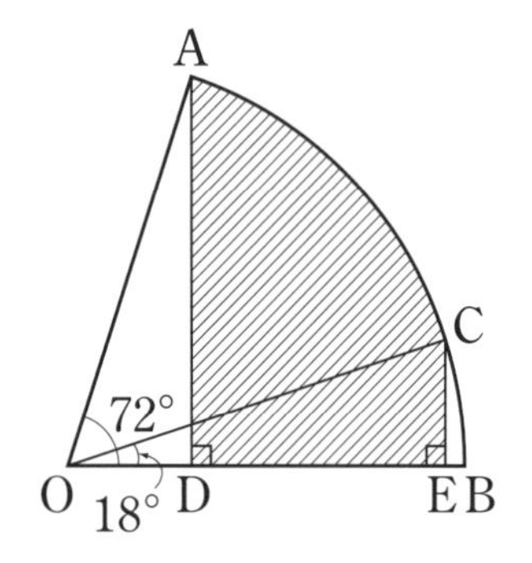

9 右の図の正方形で，しゃ線部分㋐と㋑の面積が等しいとき，x の長さは何 cm ですか。

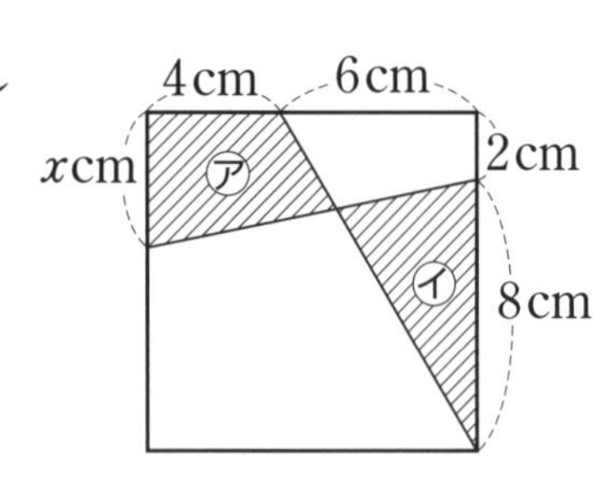

10 右の図は，円とおうぎ形を組み合わせたものです。㋐と㋑の面積の和と，㋒と㋓の面積の和が等しいとき，おうぎ形の中心角は何度ですか。

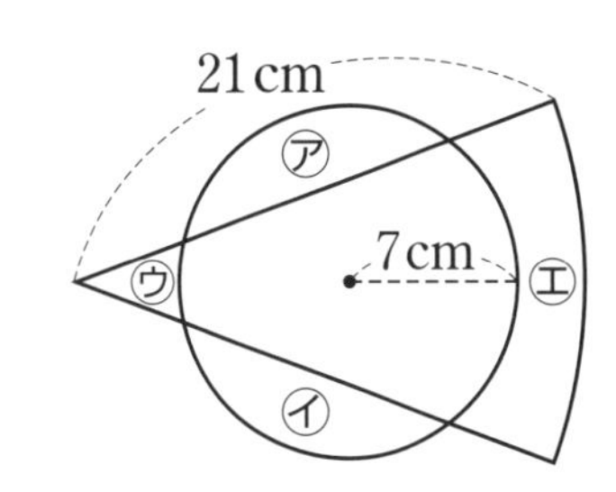

11 右の図は，半径3cmの半円におうぎ形を重ねたものです。

㋐の部分の面積から㋑の部分の面積をひくと$1.57cm^2$となりました。このとき，xの角は何度ですか。ただし，円周率は3.14とします。

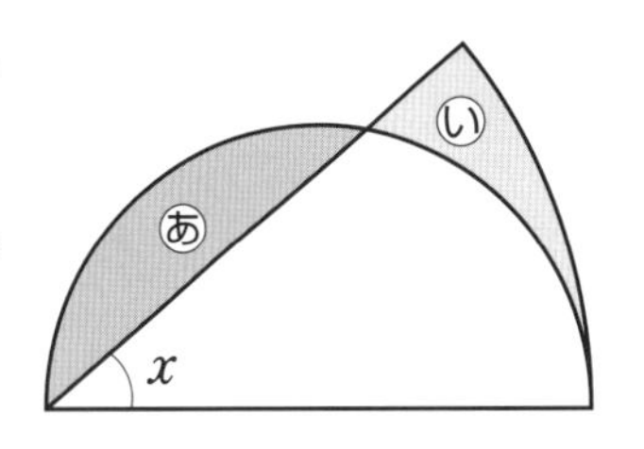

12 右の図は，Oを中心とする半径3cmの半円です。しゃ線部分AとBの面積の差は何cm^2ですか。ただし，円周率は3.14とします。

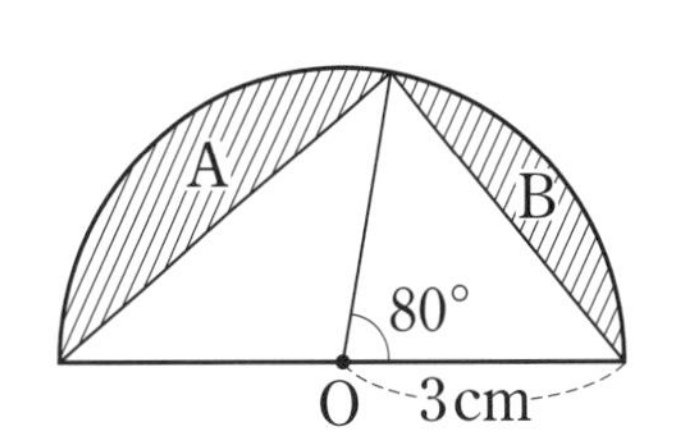

9日目 等しい面積を見つけて移動する

例題 9-❶

次の問いに答えなさい。

(1) 右の図1のように，半径(はんけい) 6cm の 2 つの円がそれぞれの円の中心を通るように重なっています。しゃ線部分の面積(めんせき)は何 cm^2 ですか。

図 1

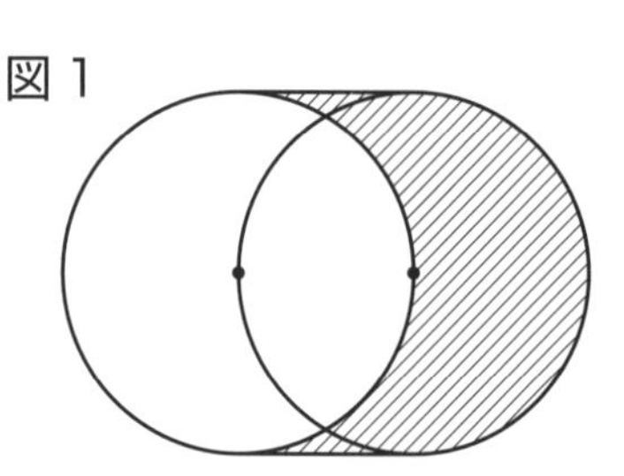

(2) 右の図2は，半径 10cm の円の一部と半径 5cm の半円を組み合わせた図です。しゃ線の部分の面積は何 cm^2 ですか。

図 2

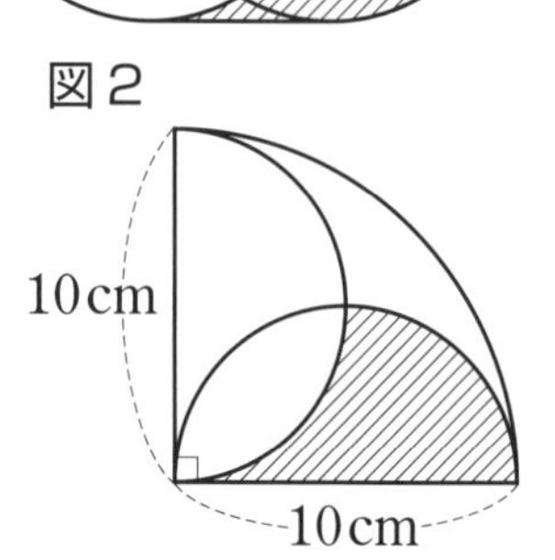

解き方と答え

面積の等しい部分を見つけて移動(いどう)させる ことによって，「基本的な図形」を作ることができ，面積が求(もと)めやすくなります。

(1) 右の図のように太線部分の半円を移動すると長方形になります。

したがって，求める面積は

$12 \times 6 = \mathbf{72}$ ($\mathbf{cm^2}$) …答

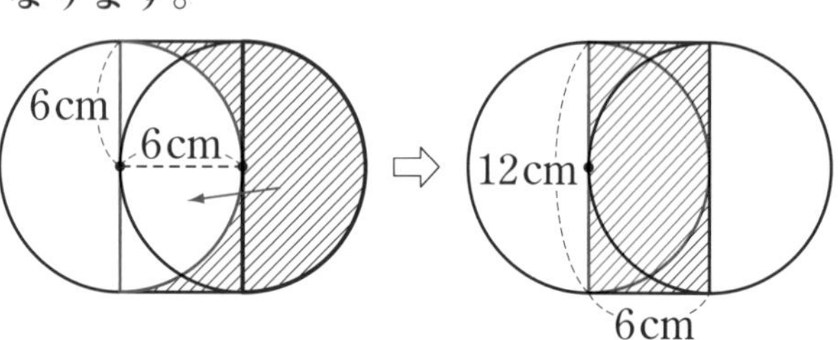

(2) 右の図のように太線部分のおうぎ形を移動すると正方形になります。

したがって，求める面積は

$5 \times 5 = \mathbf{25}$ ($\mathbf{cm^2}$) …答

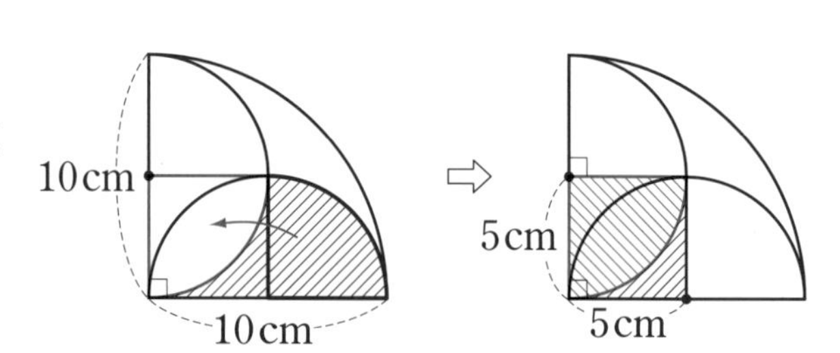

面積の等しい部分を見つけて移動させ，面積が求めやすい形になおそう！

解答➡別冊17ページ

練習問題 9-❶

1 右の図は，1辺が6cmの正方形と半径6cmのおうぎ形を4つかいたものです。しゃ線部分の面積を求めなさい。ただし，円周率は3.14とします。

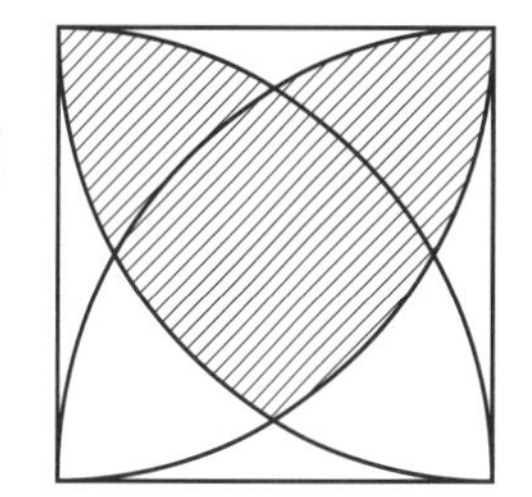

2 右の図のように，半径が5cmの4つの円がそれぞれ中心を通るように交わっています。このとき，しゃ線部分の面積を求めなさい。

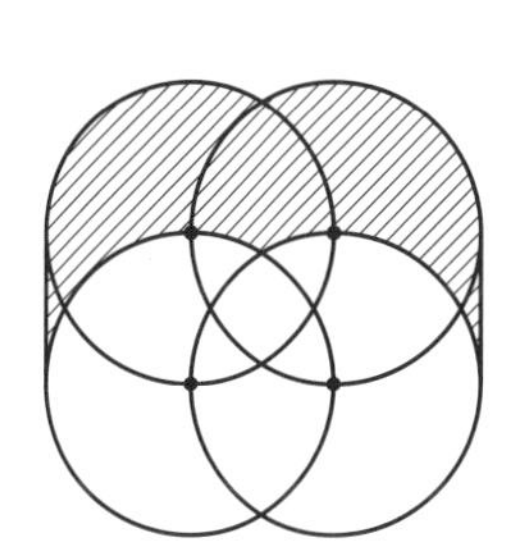

例題 9-❷

右の図のような，中心O，半径3cmの半円があります。点P，Qは弧ABを3等分にする円周上の点です。このとき，しゃ線部分の面積を求めなさい。ただし，円周率は3.14とします。

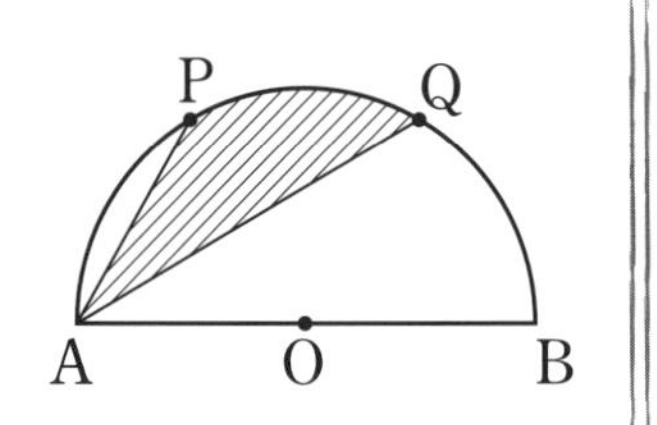

解き方と答え

点P，Qは弧ABの3等分点ですから，右の図1のように，三角形PAO，POQ，QOBはすべて正三角形になり，PQとABは平行になります。

図1

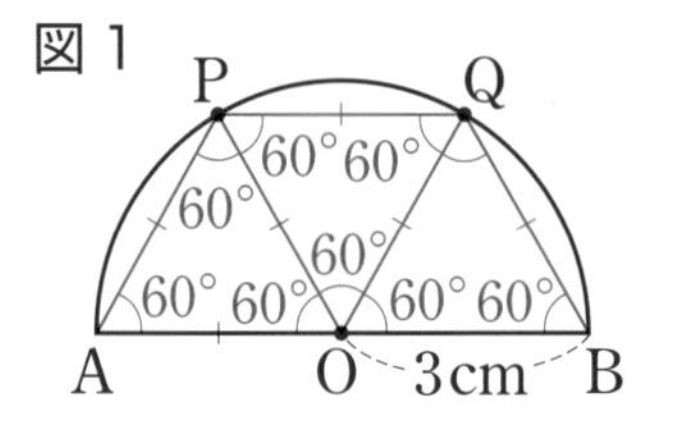

底辺が共通で，高さが等しい2つの三角形は面積が等しくなりますから，下の図2のように，三角形PAQの面積を三角形POQに移します（これを等積変形といいます）。

図2

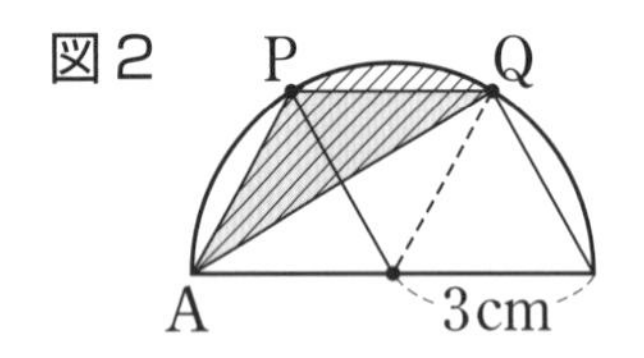

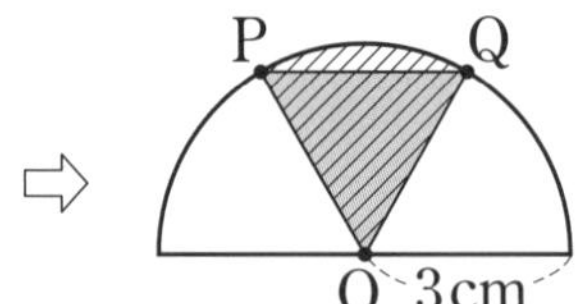

したがって，求める面積は，
おうぎ形POQの面積に等しくなりますから

$$3\times3\times3.14\times\frac{60}{360}$$
$$=1.5\times3.14$$
$$=\mathbf{4.71(cm^2)}$$ …答

等積変形

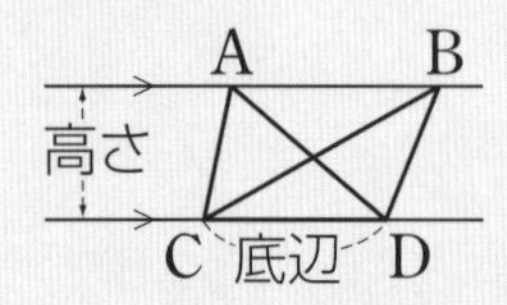

上の図で，直線ABと直線CDが平行であるとき，三角形ACDと三角形BCDの面積は等しい。

等積変形を利用して，面積が求めやすい形になおそう！

練習問題 9-❷

1 右の図のように，点Oを中心とする半径10cmの半円があり，点P，Q，Rは円周部分を4等分する点です。このとき，しゃ線部分の面積の和は何cm²ですか。ただし，円周率は3.14とします。

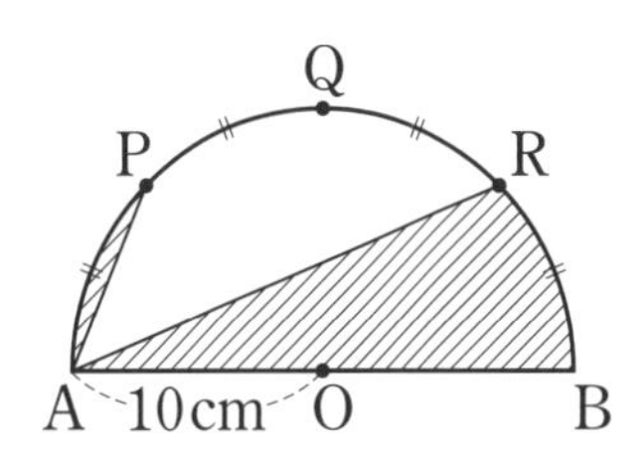

2 右の図は，半径6cm，中心角30°のおうぎ形を4つ合わせたものです。しゃ線部分の面積は何cm²ですか。ただし，円周率は3.14とします。

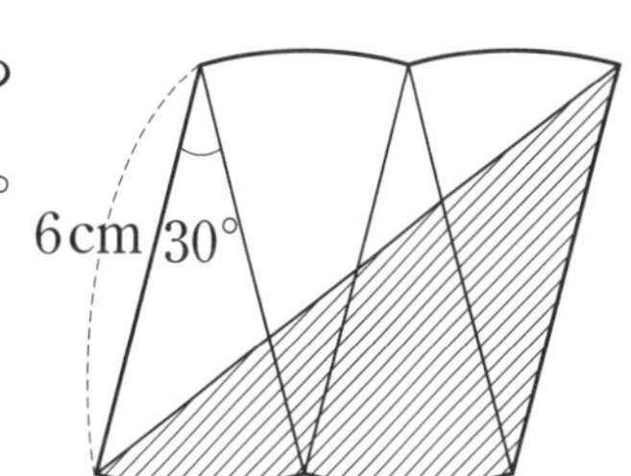

10日目 寄せ集めて面積の和を求める

例題 10-❶

次の問いに答えなさい。

(1) 右の図1のように長方形の土地にそれぞれの道はばが一定の道路を２本作りました。しゃ線部分の土地の面積を求めなさい。

(2) 右の図2の四角形 ABEF と四角形 BCDE は長方形です。しゃ線部分の面積を求めなさい。

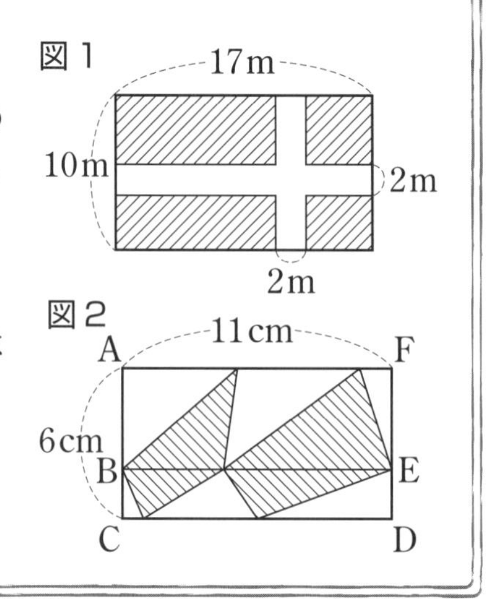

解き方と答え

(1) 右の図のように，道の部分を取りのぞき，残りを**平行移動させて寄せ集める**と，１つの長方形になります。

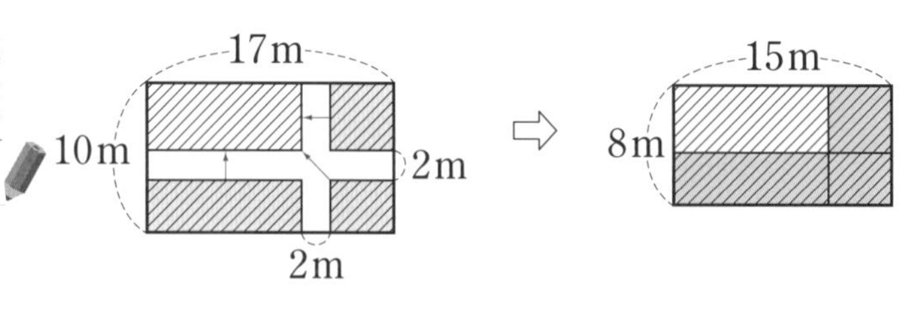

よって，求める面積は，縦が(10−2＝)8m，横が(17−2＝)15m の長方形の面積になりますから　8×15＝**120(m²)**　…答

(2) 右の図のように，**等積変形(38 ページ例題 9-❷参照)を利用してしゃ線部分を寄せ集めて** 面積を求めます。

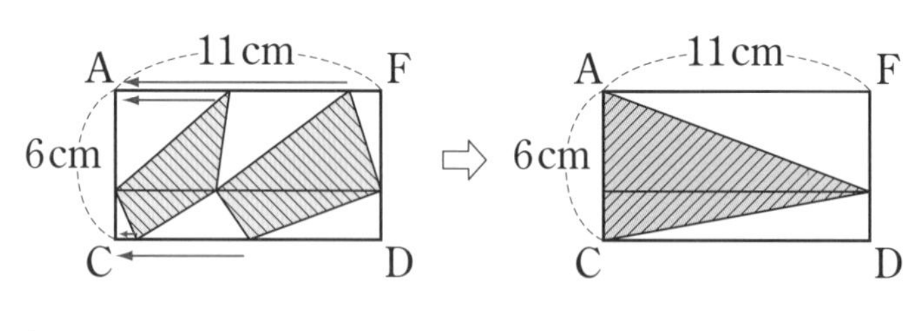

よって，求める面積は，底辺が 6cm，高さが 11cm の三角形の面積になりますから　6×11÷2＝**33(cm²)**　…答

ポイント

平行移動や等積変形を利用して，基本図形になるように面積を寄せ集めて求めよう！

練習問題 10-❶

1 右の図のように，平行四辺形の花だん ABCD に，はば 1.6m の道をつくりました。道の部分をのぞいた花だんの面積は何 m^2 ですか。

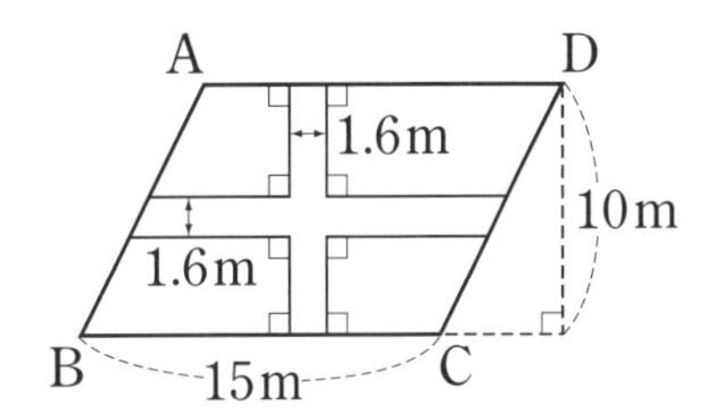

2 右の図の四角形 ABCD は，1 辺の長さが 20cm の正方形です。しゃ線部分の面積は何 cm^2 ですか。

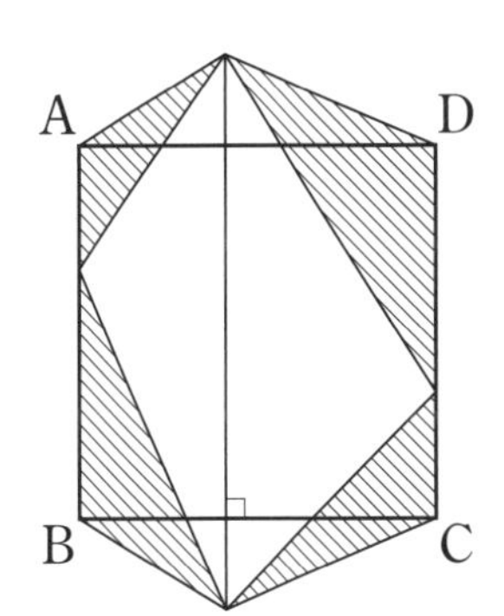

例題 10-❷

右の図のように，1辺(へん)が8cmの正方形と直径(ちょっけい)8cmの半円2つと半径8cmのおうぎ形1つを組み合わせた図形があります。しゃ線部分の面積(めんせき)の和は何cm²ですか。ただし，円周率(えんしゅうりつ)は3.14とします。

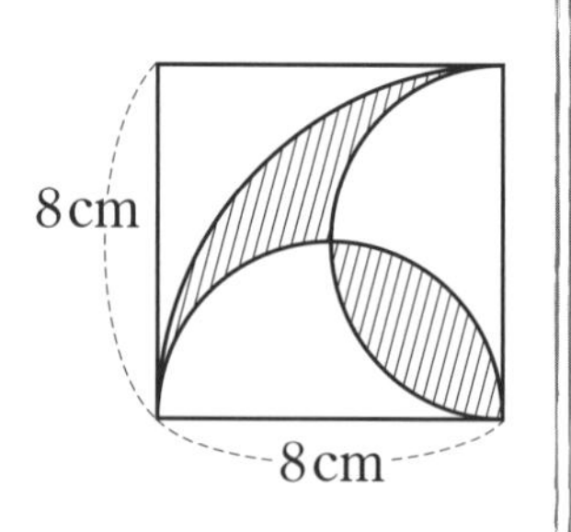

解き方と答え

しゃ線部分の面積をべつべつに求(もと)めることもできますが，分解(ぶんかい)して，1か所に寄(よ)せ集めた方が楽に求められます。まず，図1のように，補助(ほじょ)線をひいて，等しくなる部分を見つけます。次に，図2のように等しくなる部分を移動(いどう)させると，面積が求めやすい形にまとめられます。

図1

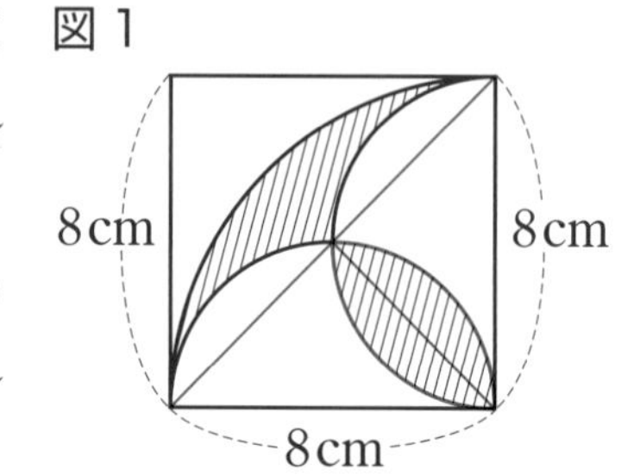

したがって，求める面積は，図2のおうぎ形AOBの面積から，直角二等辺三角形(にとうへんさんかくけい)AOBの面積をひいたものになりますから

図2

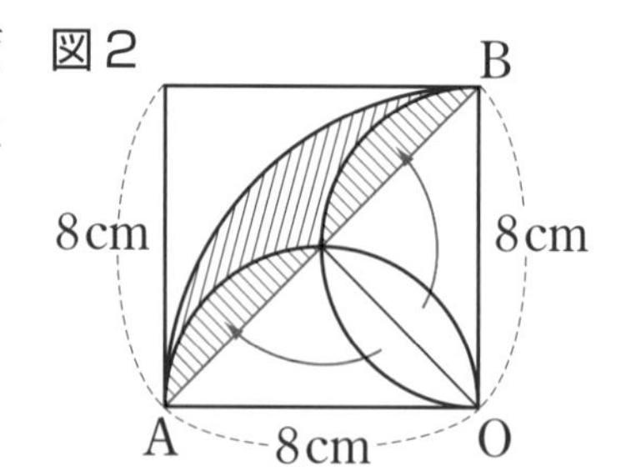

$8\times8\times3.14\times\frac{1}{4}-8\times8\div2$

$=16\times3.14-32$

$=\mathbf{18.24(cm^2)}$ …答

ポイント

はなれた図形の面積の和

べつべつに面積を求めようとすると複雑(ふくざつ)であったり，不可能(ふかのう)であったりする場合は，1か所に寄せ集めて求めよう！

解答➡別冊18ページ

練習問題 10-❷

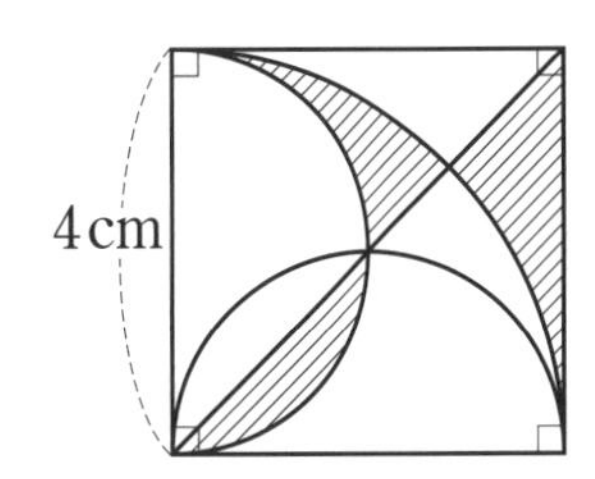

1 右の図のように，1辺が4cmの正方形と直径4cmの半円2つと半径4cmのおうぎ形1つを組み合わせた図形があります。しゃ線部分の面積の和は何cm^2ですか。

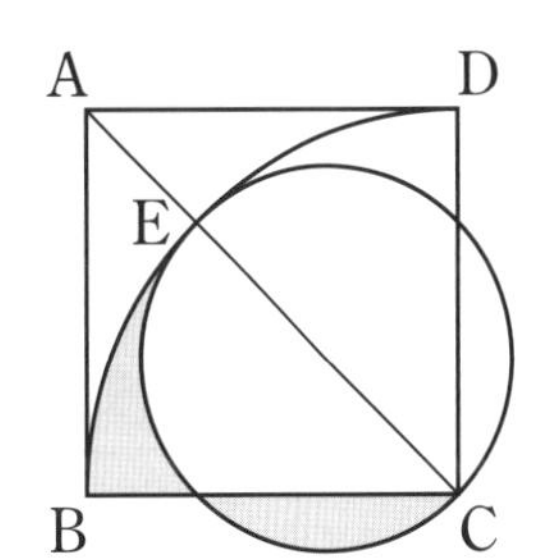

2 1辺が10cmの正方形ABCDがあります。Cを中心として，半径10cmの円をかき，対角線ACとの交点をEとし，ECを直径とする円をかくと右の図のようになりました。このとき，かげの部分の面積の和は何cm^2ですか。ただし，円周率は3.14とします。

11日目 図形の組みかえを考える

例題 11－①

右の図のように，1辺が 20cm の正方形があります。各辺の真ん中の点を A，B，C，D とします。しゃ線部分の面積は何 cm^2 ですか。

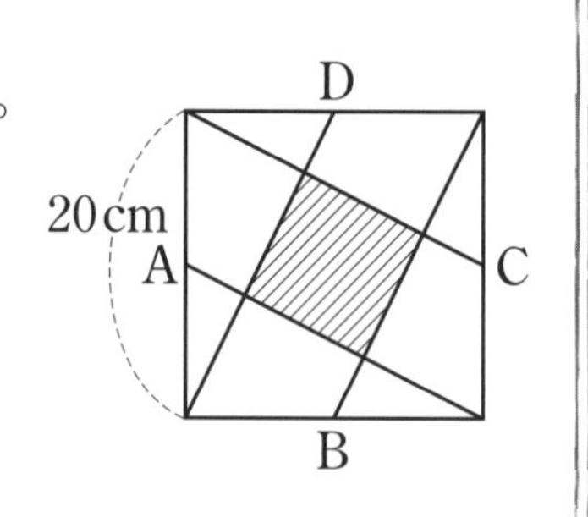

解き方と答え

右の図1において

$○+×=90°$，$△+□=180°$

PD＝DS，PA＝AQ，

QB＝BR，SC＝CR

より，赤わくの直角三角形4個を切り取って，移動させる と，図2のように合同な正方形が5個できます（しゃ線部分の正方形は，このうちの1個分にあたります）。この5個の正方形の面積の合計は，図1の正方形PQRSの面積と等しいですから

$20\times20=400(cm^2)$

よって，しゃ線部分の面積は

$400\div5=\mathbf{80(cm^2)}$ …答

図1

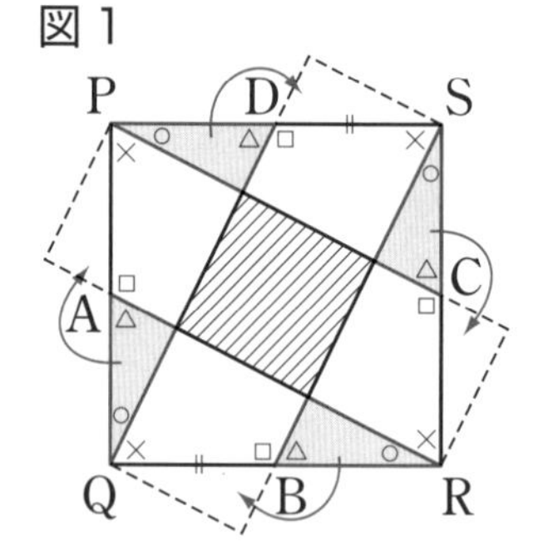

図2

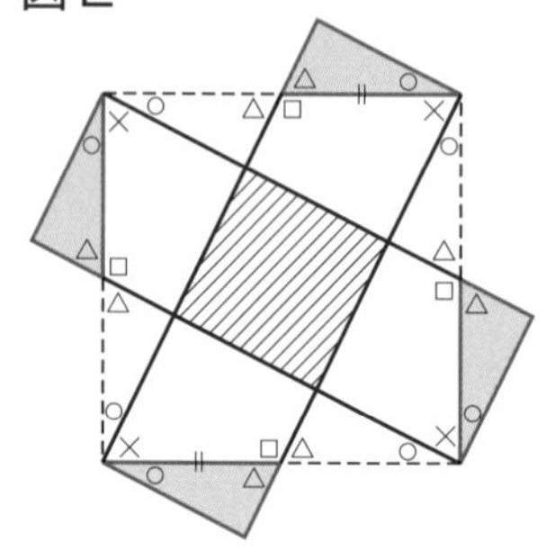

パズルのように図形を組みかえ，求める面積が全体の何分のいくつになるかを考えよう！

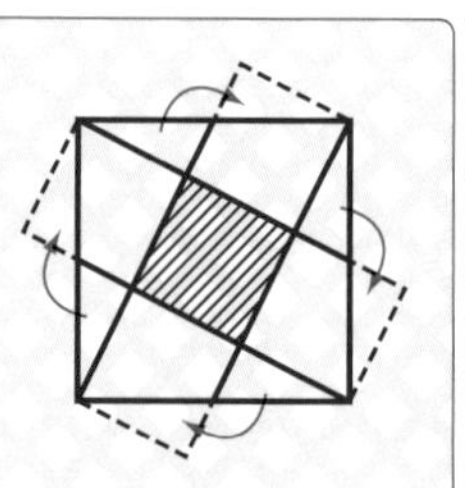

練習問題 11-❶

1 右の図のように，面積が150cm² の平行四辺形(へいこうしへんけい)があります。各辺の真ん中の点 A，B，C，D と，平行四辺形の頂点(ちょうてん)とを結(むす)んでできた四角形(しゃ線部分)の面積を求めなさい。

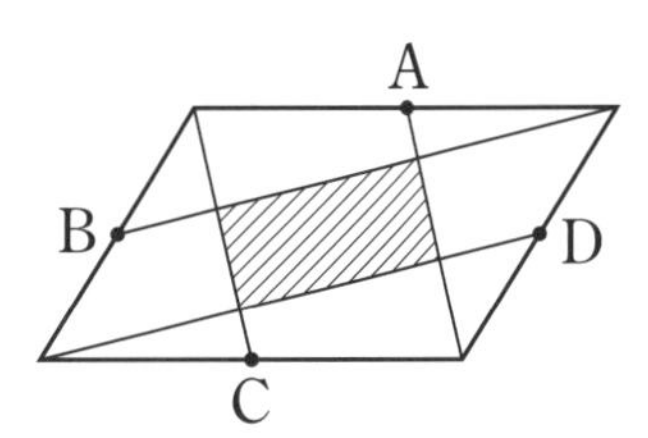

2 右の図は，同じ大きさの正方形を5個並(なら)べた図形です。AB＝12cm のとき，正方形1つ分の面積は何 cm² ですか。

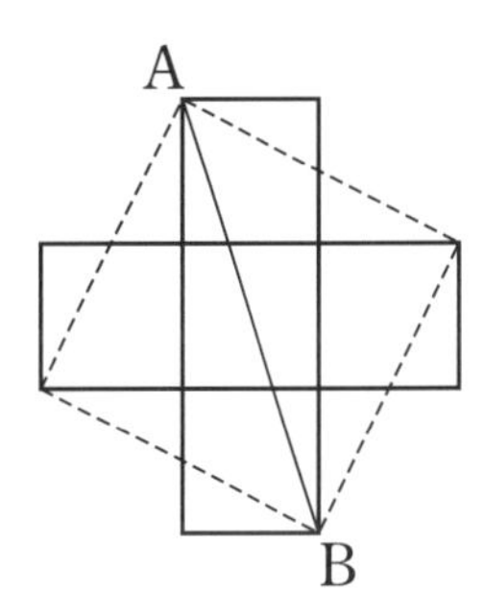

例題 11－❷

右の図で，C は AB 上の点，E は CD 上の点，AC＝CD，AE＝BD です。このとき，角アの大きさは何度ですか。

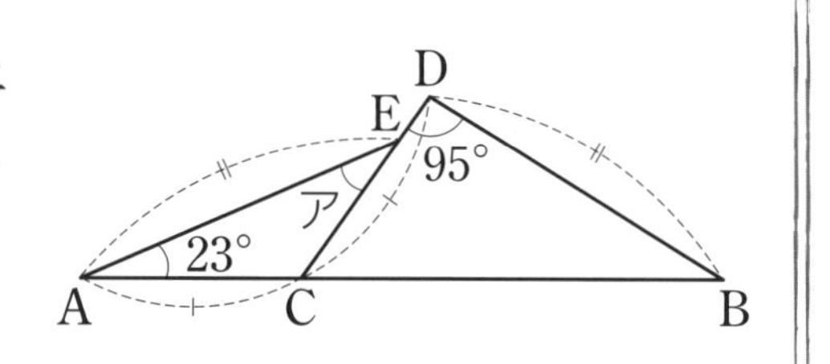

解き方と答え

右の図1において

○＋×＝180°

AC＝DC

より，赤わくの三角形 ACE を裏(うら)返して，AC と DC を重ねると 図2のような二等(にとう)辺三角形(へんさんかくけい) DEB ができます。よって，角アの大きさは

(180°−23°−95°)÷2＝**31°**　…㊟

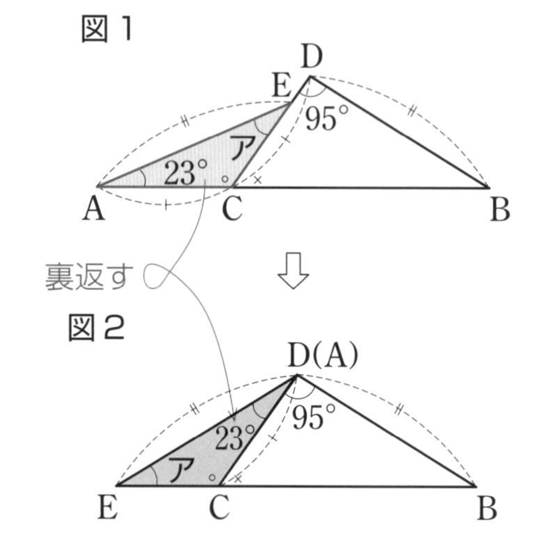

ポイント

2つの三角形がねじれてくっついた形

等しい辺や合わせて 180° になる角に着目し，図形を組みかえて二等辺三角形を作ろう！

2つの三角形がねじれてくっついた形　→　二等辺三角形にもどす

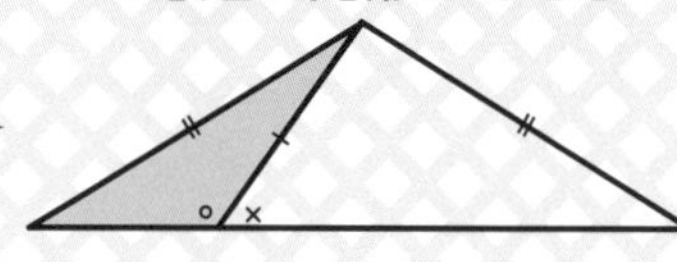

練習問題 11－❷

1 右の図で，AB＝DE，AC＝CD であるとき，角アの大きさは何度ですか。

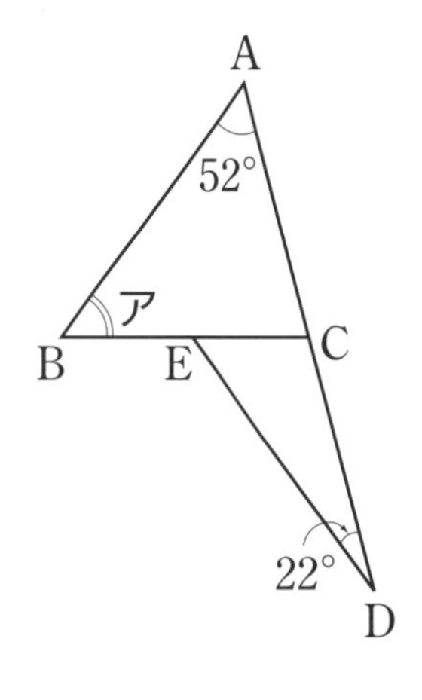

2 右の図の角 x の大きさは何度ですか。ただし，AC と DE，AB と BD は同じ長さです。

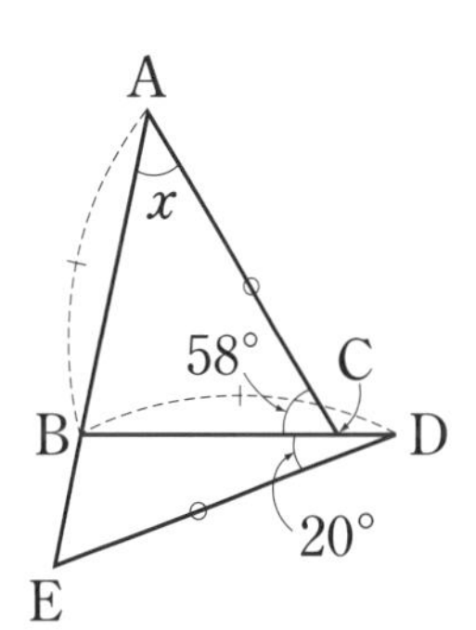

解答➡別冊20ページ

1 右の図は，半円を３つ組み合わせたものです。しゃ線部分の面積は何 cm² ですか。ただし，円周率は 3.14 とします。

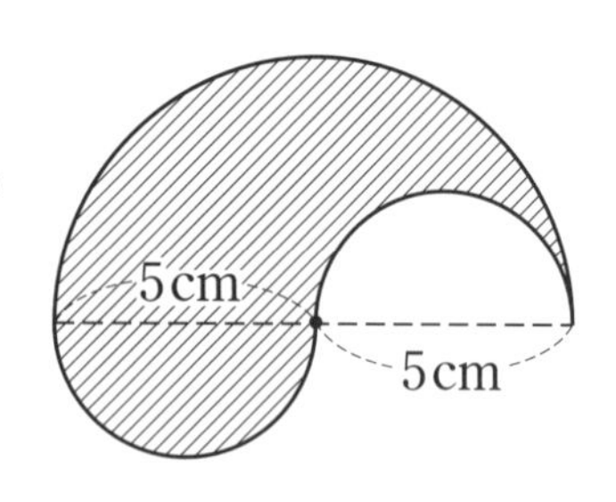

2 右の図のように，１辺が 20cm の正三角形と直径 20cm の３つの半円で作った図形があります。しゃ線部分の面積を求めなさい。

ただし，円周率は 3.14 とします。

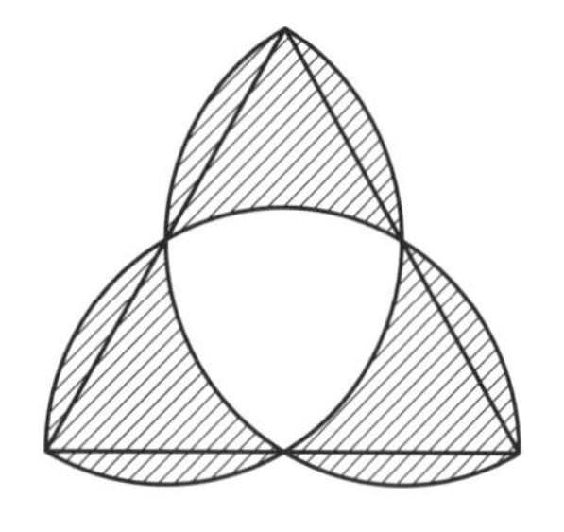

3 右の図において，B，C は $\frac{1}{4}$ 円の弧 AD の３等分点で，E，F は OB，OC と OD を直径とする半円の弧との交点です。しゃ線部分の面積を求めなさい。ただし，円周率は 3.14 とします。

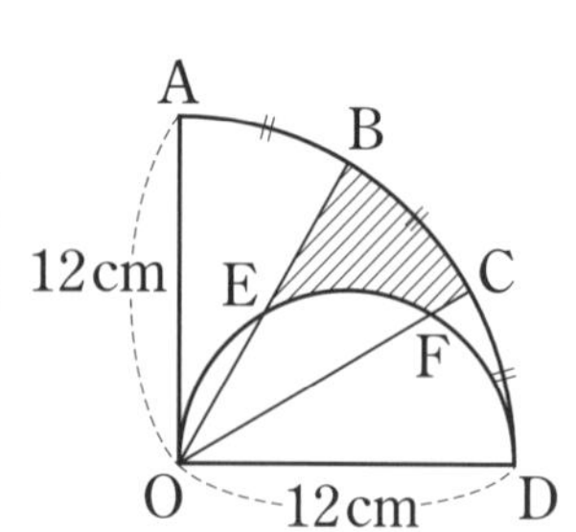

4 右の図のように，正方形 ABCD と，これと同じ大きさの正方形が重なっていて，この正方形の頂点(ちょうてん)が，正方形 ABCD の対角線の交点上にあります。このとき，しゃ線部分の面積は何 cm^2 ですか。

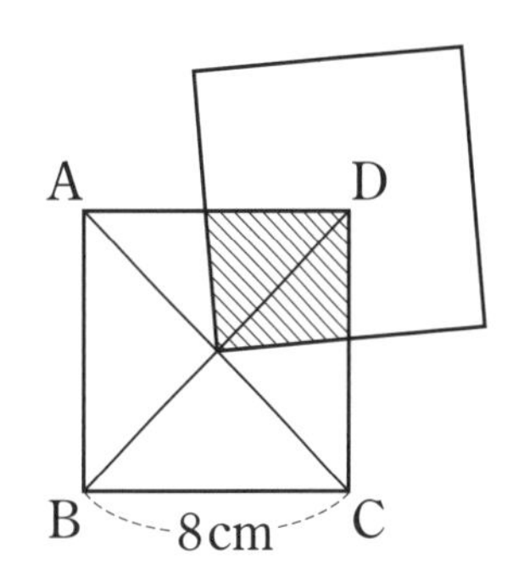

5 右の図のように長方形の土地にそれぞれの道はばが一定の道路を 3 本作りました。しゃ線部分の土地の面積を求めなさい。

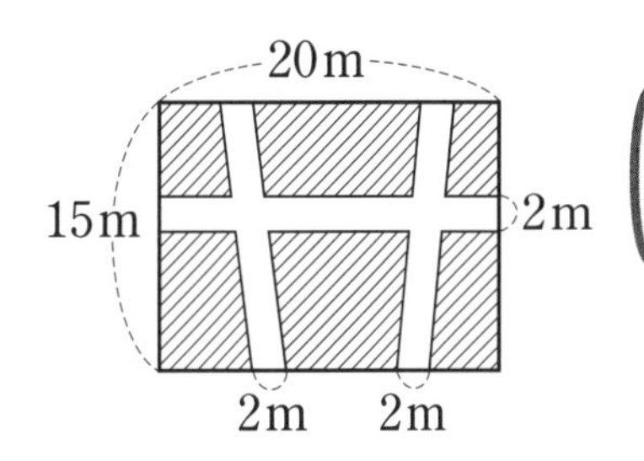

6 右の図の長方形 ABCD の中にあるしゃ線部分の三角形の底辺(ていへん)は，すべて EF 上にあり，EF は辺 AD，BC に平行です。しゃ線部分の三角形の面積の合計を求めなさい。

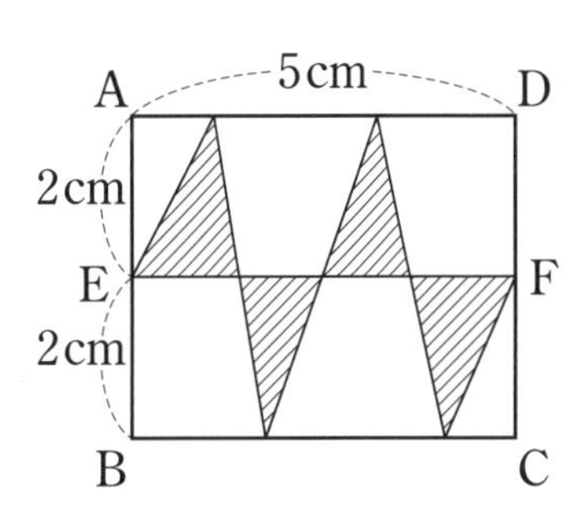

7 右の図のように，1辺の長さが6cmの正方形を3つ並べました。しゃ線部分の面積の合計は何cm^2ですか。

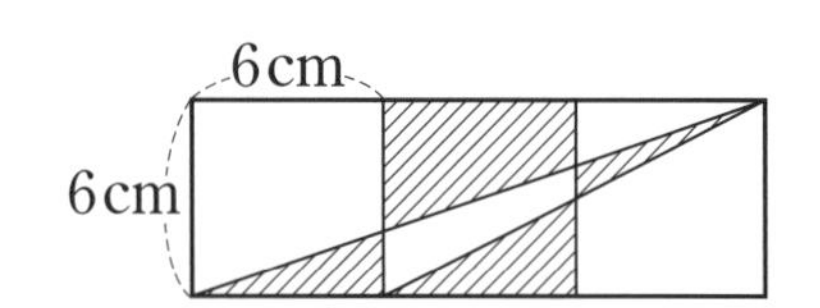

8 右の図のような正三角形ABCがあります。その中に円がぴったり入っていて，その円の中に正三角形がぴったり入っています。正三角形ABCの面積が$100cm^2$のとき，しゃ線部分の面積の合計は何cm^2ですか。

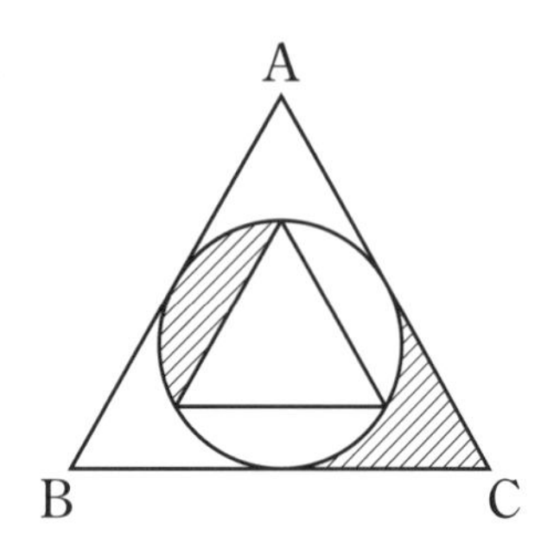

9 右の図はAB，AC，CDをそれぞれ直径とする3つの半円を組み合わせたものです。この図で，BはCDの真ん中の点で，ABとCDは垂直です。ACの長さが8cmであるとき，しゃ線をひいた部分の面積の和を求めなさい。

ただし，円周率は3.14とします。

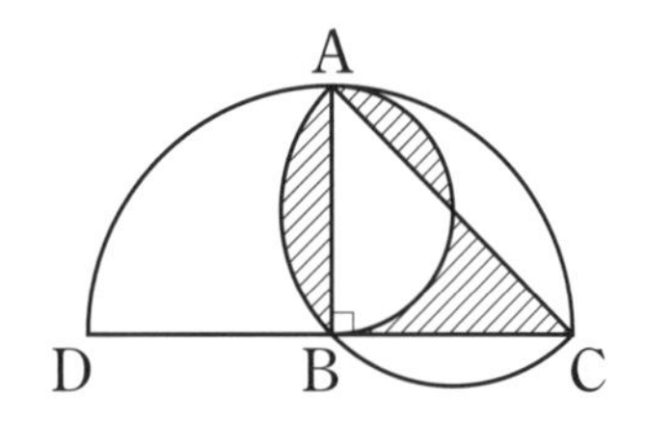

10 右の図のように，1 辺の長さが 10cm の正方形 ABCD があります。辺上の●は，各辺を 3 等分した点です。このとき，しゃ線部分の面積は何 cm^2 ですか。

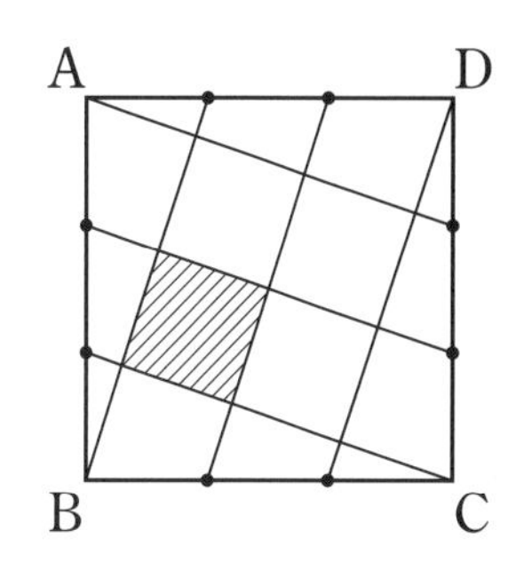

11 右の図のような四角形 ABCD があります。辺 BC と CD の長さは等しく，角 ABC と角 CDE の大きさも等しく 72° です。角 CAD の大きさが 23° のとき，角 ACB の大きさを求めなさい。

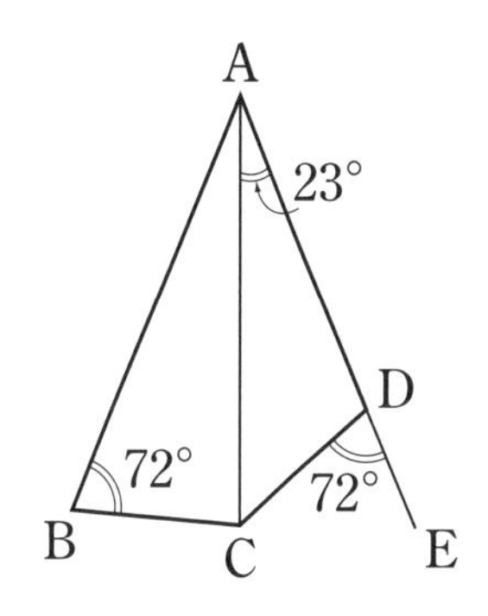

12 右の図のように，長方形 ABCD の辺 CD の上に点 E があります。点 A と点 E を直線でつなぎ，AE の上に FE＝FB となるような点 F をとると，AE と FB は直角に交わりました。FC＝5cm のとき，四角形 BCEF の面積は何 cm^2 ですか。

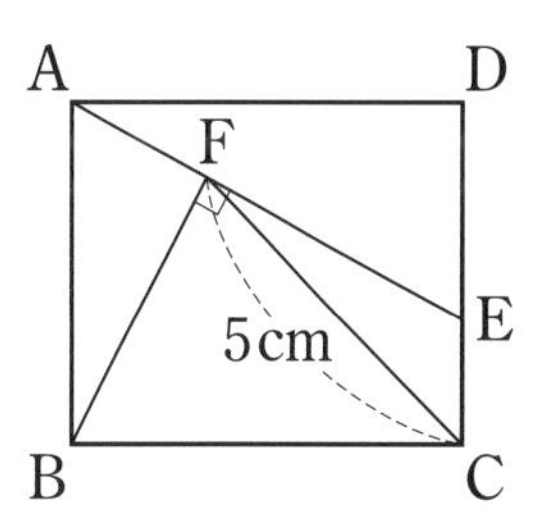

入試問題にチャレンジ①

制限時間 50分

解答➡別冊22ページ

① 図の直線ABは円の直径で，●印は上の半円の周を6等分する点，×印は下の半円の周を5等分する点です。

(あ)の角度は[　　]°です。

[　　]にあてはまる数を求めなさい。　（広島学院中）

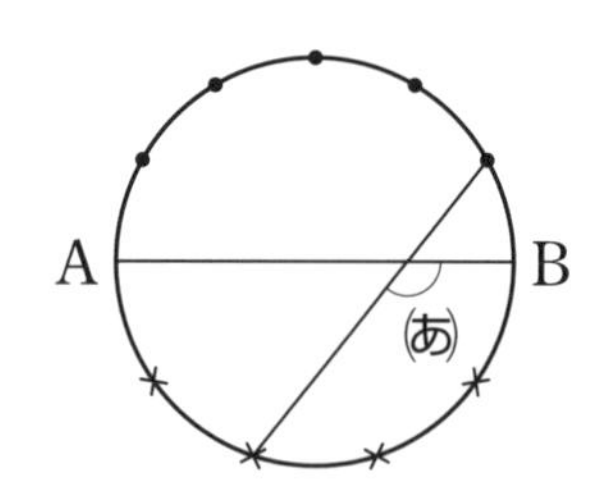

② 右の図のように半径2cmの円が6個あります。となり合う円はすべてぴったりとくっついているとします。まわりにひもをたるまないようにかけました。

このひもの長さを求めなさい。ただし，円周率は3.14とします。　（東京・桜蔭中）

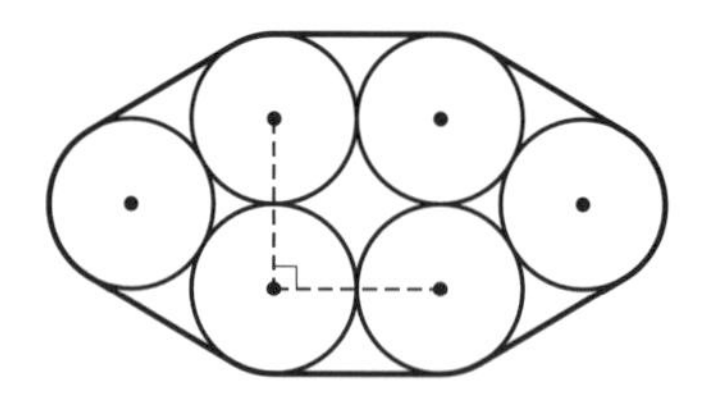

③ 大きさの等しい6つの正方形が図のように並(なら)んでいます。㋐と㋑の角度の和を答えなさい。

（京都・立命館中）

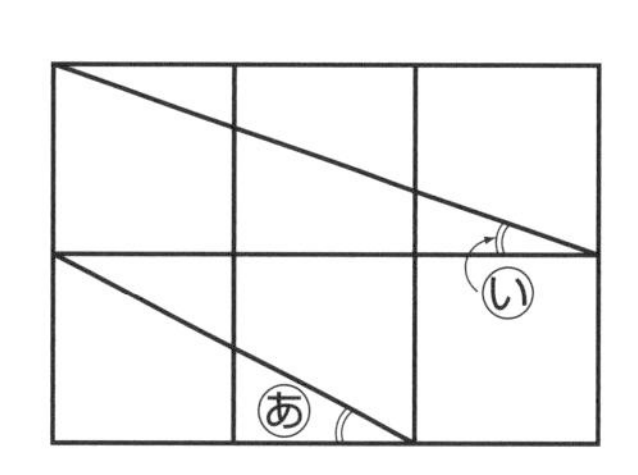

④ 図のしゃ線部分の面積を求めなさい。

（栃木・那須高原海城中）

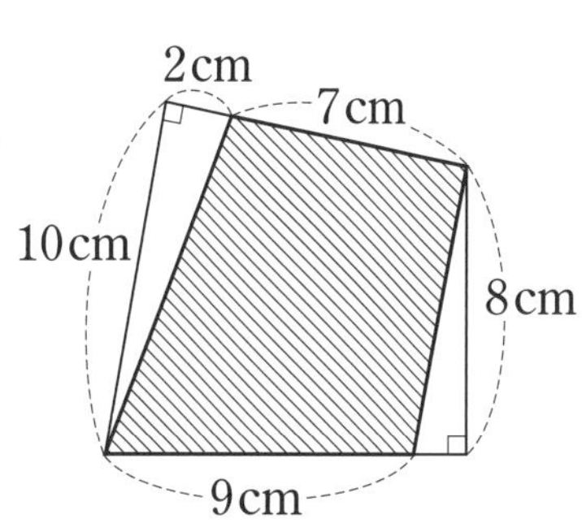

⑤ 図のように，半径10cmの半円と，半径20cmで中心の角度が45°のおうぎ形が重なっています。かげの部分の面積は□cm²です。□にあてはまる数を求めなさい。円周率は，3.14とします。（東京・穎明館中）

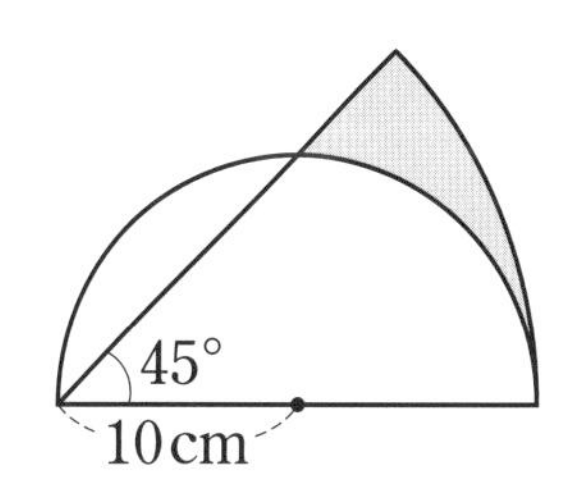

⑥ 半径6cmの円の円周を12等分した点のうち，6点を図のように結び，しゃ線部分を切り取って六角形をつくりました。この六角形の面積は何 cm^2 ですか。

（東京・中央大附中）

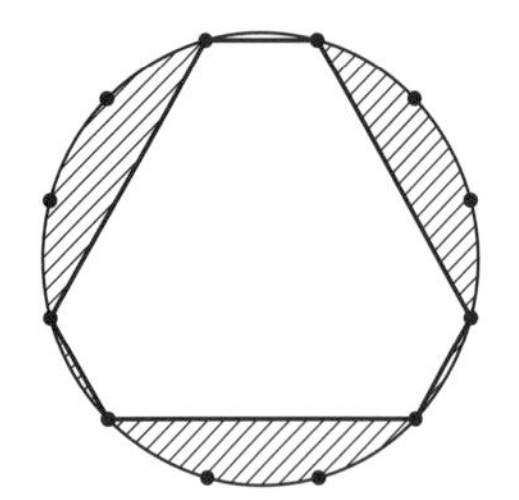

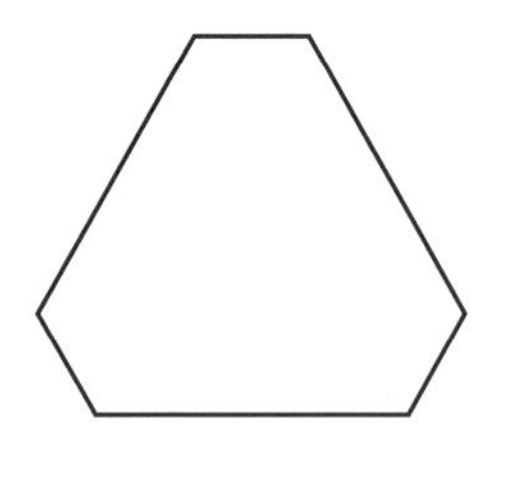

⑦ ABの長さが6cm，BCの長さが8cm，ACの長さが10cmの直角三角形ABCがあります。右の図のように，AB，BCを直径とする半円をかいたところ，AC上の点Dで交わりました。これについて，次の問いに答えなさい。ただし，円周率は3.14とします。

（神奈川・日本大藤沢中）

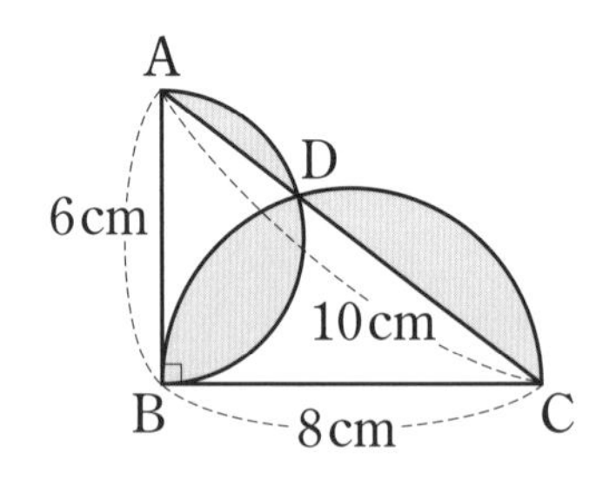

(1) かげの部分のまわりの長さは何cmですか。

(2) かげの部分の面積は何 cm^2 ですか。

⑧ 右の図は直角三角形と３つの半円を組み合わせた図形です。［かげ］の部分の面積は何 cm² ですか。ただし，円周率は 3.14 とします。

（埼玉・星野学園中）

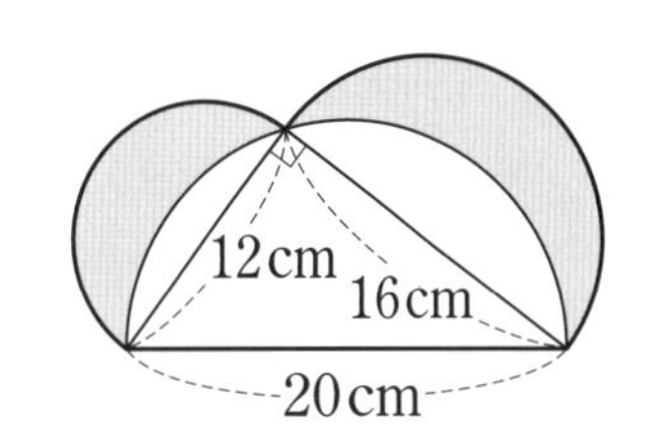

⑨ 右の図のように，半径 2cm のおうぎ形と，高さが 2cm の台形が重なっています。㋐の面積と㋑の面積が等しいとき，x の長さは何 cm になりますか。ただし，円周率は 3.14 とします。

（東京・筑波大附中）

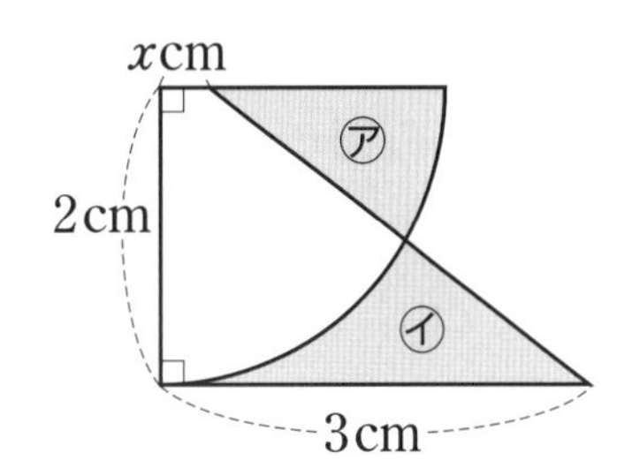

⑩ 右の図のように，半径 3cm の５つの円が交わっています。●はそれぞれの円の中心です。かげの部分の面積の合計を求めなさい。ただし，円周率は 3.14 とします。

（東京・早稲田実業中等部）

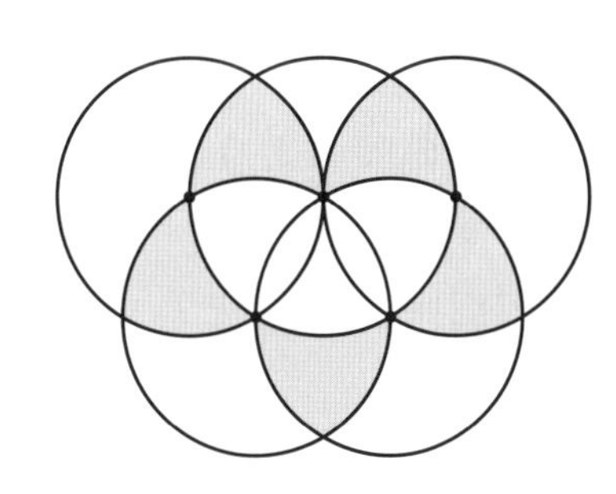

⑪ 右の図のように，点Oを中心とする半径10cmの円の円周を8等分しました。

しゃ線部分の面積を求めなさい。ただし，円周率は3.14とします。 （東京・日本大豊山中）

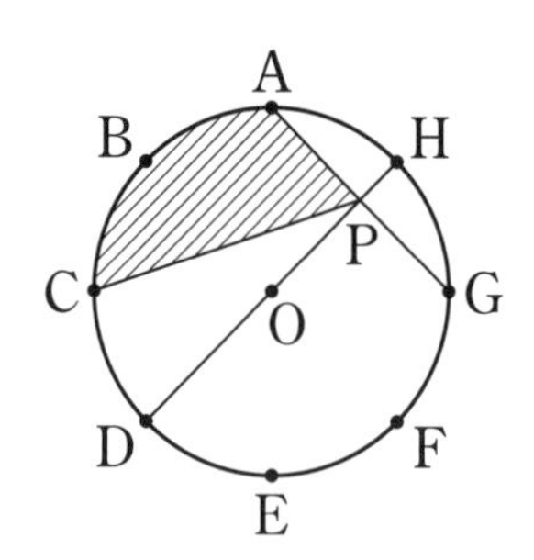

⑫ 右の図のように，1辺の長さが4cmの正方形を3つ並べました。しゃ線部分の面積の合計は何cm^2ですか。 （東京・和洋九段女子中）

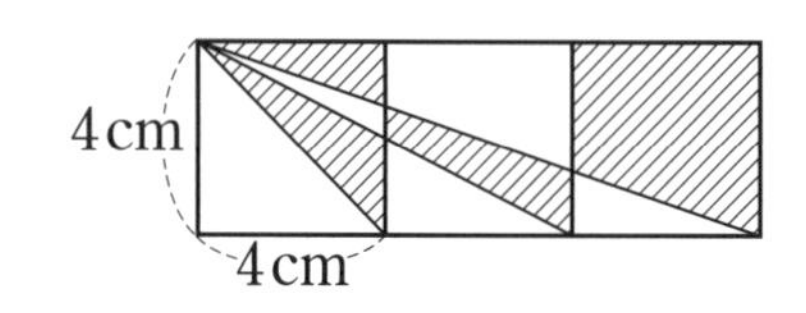

⑬ 右の図のように，大きい円の中に半径が2cmの円が4つあります。しゃ線部分の面積を求めなさい。ただし，円周率は3.14とします。 （神奈川・聖心女子学院中等科）

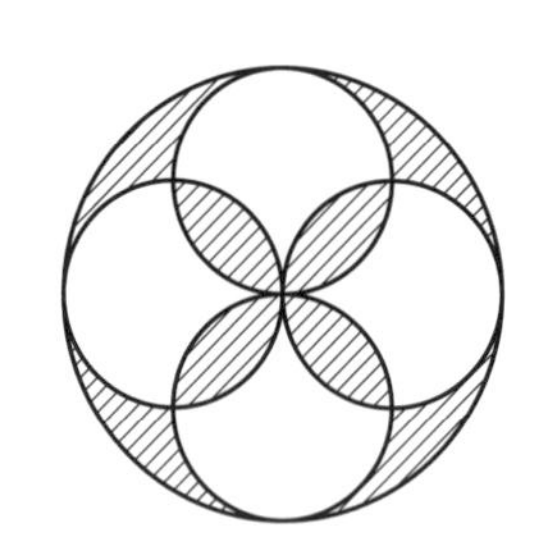

⑭ 右の図は，大きさの異（こと）なる２つの円と２つの正方形がたがいの中にぴったり入っているようすを表しています。小さい円の半径は2cmです。しゃ線をつけた部分の面積の和を求めなさい。ただし，円周率を3.14とします。

（東京・普連土学園中）

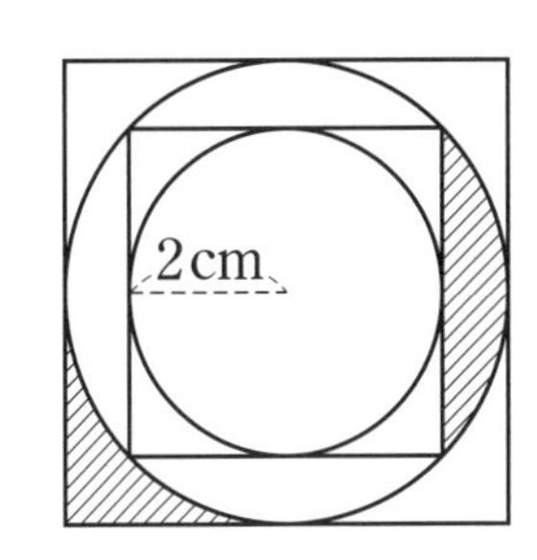

⑮ 面積が40cm² の正方形があります。図の辺の上の点は各辺を３等分した点です。このとき，図のしゃ線部分の面積は□cm² です。□にあてはまる数を求めなさい。

（東京・城北中）

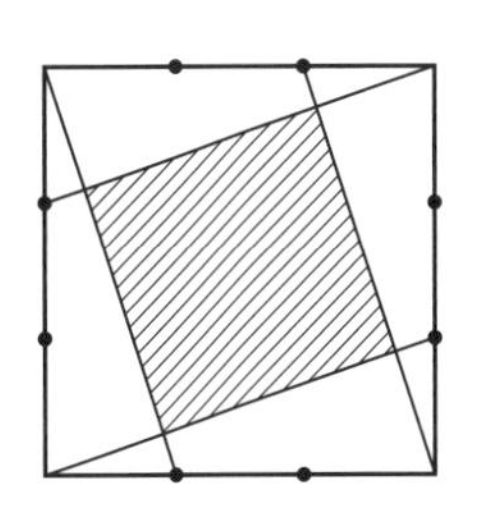

① 右の図のかげの部分のまわりの長さは何 cm ですか。ただし，円周率(えんしゅうりつ)を 3.14 とします。 （神奈川・横浜雙葉中）

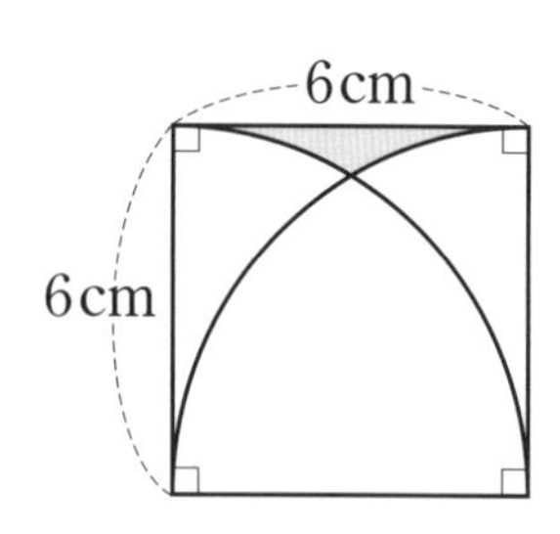

② 図の四角形 ABCD は正方形です。このとき，角 x の大きさは□度です。□にあてはまる数を求(もと)めなさい。 （東京・法政大中）

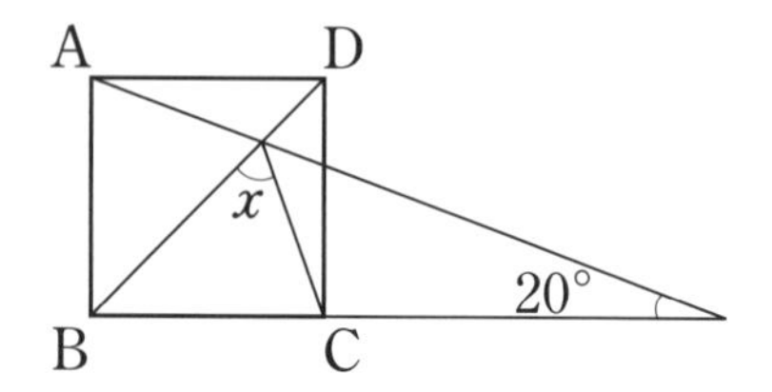

③ 右の図において，三角形 ABE と三角形 CDE はともに正三角形で，A，C を結(むす)ぶ直線と B，D を結ぶ直線は点 O で交わっています。□にあてはまる数を求めなさい。 （兵庫・灘中）

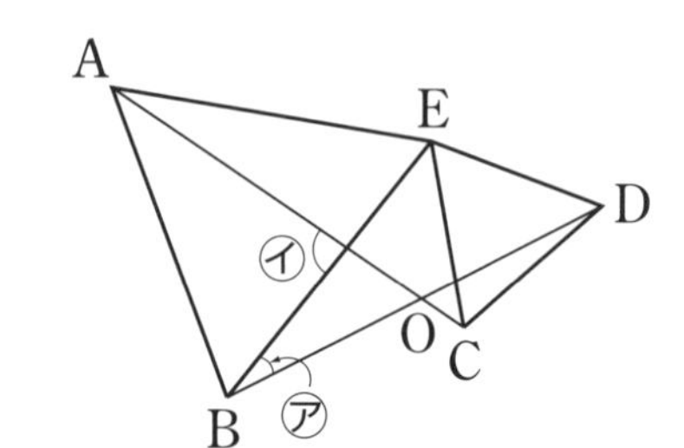

(1) OA，OB，OC の長さがそれぞれ 8cm，5cm，1cm のとき，OD の長さは□cm です。

(2) ㋐の角の大きさが 23 度のとき，㋑の角の大きさは□度です。

④ 右の図のしゃ線部分の面積(めんせき)を求めなさい。

（兵庫・親和中）

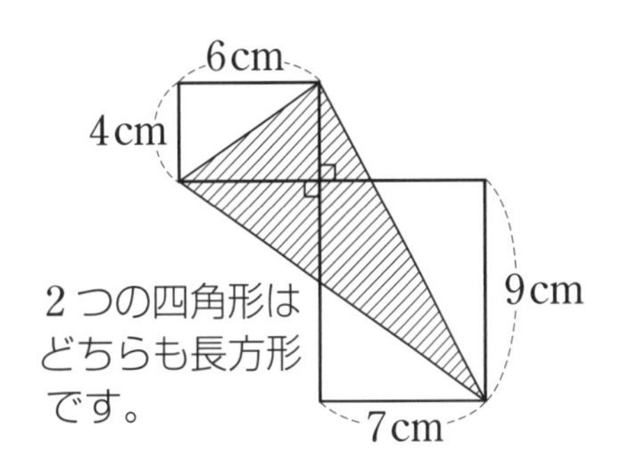

⑤ 右の図で，三角形 ABC と三角形 DEF はともに直角二等辺三角形(にとうへんさんかくけい)です。かげの部分の面積は何 cm^2 ですか。

（東京・桐朋中）

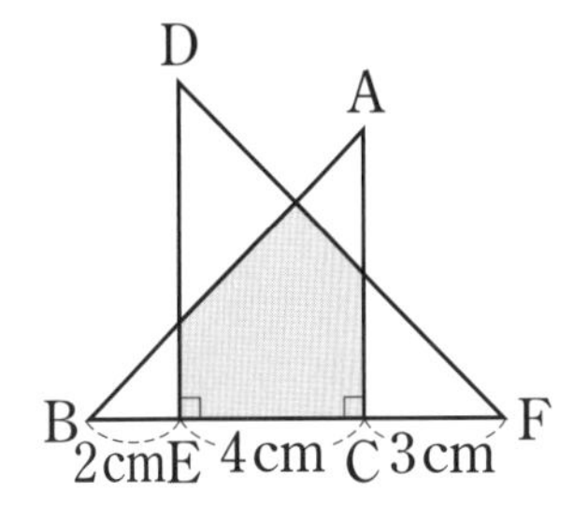

⑥ 右の図は，半径(はんけい) 8cm の円の周を点 A から点 L で 12 等分したものである。今，点 A と点 H を結ぶとき，しゃ線部分の面積を求めなさい。

ただし，円周率は 3.14 とし，答えは四捨五入(ししゃごにゅう)し，小数第 2 位まで求めること。

（埼玉・春日部共栄中）

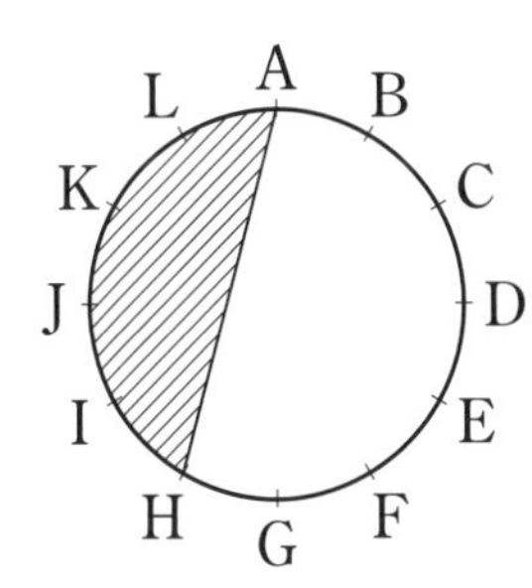

⑦ 右の図のように，直径6cmの半円を，点Aを中心として30°回転させました。円周率を3.14とすると，しゃ線部分の面積は，□cm² になります。□にあてはまる数を求めなさい。

（埼玉・開智中）

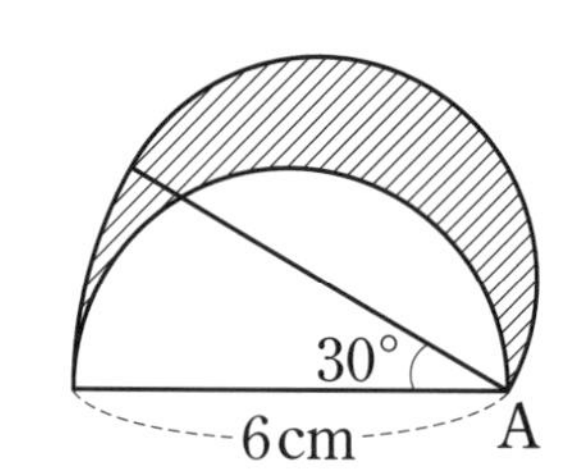

⑧ 半径3cmの円の周を12等分したところに点をとり，点を図のように直線で結びます。このとき，図のかげの部分の面積は何cm²ですか。ただし，円周率は3.14とします。

（東京・豊島岡女子学園中）

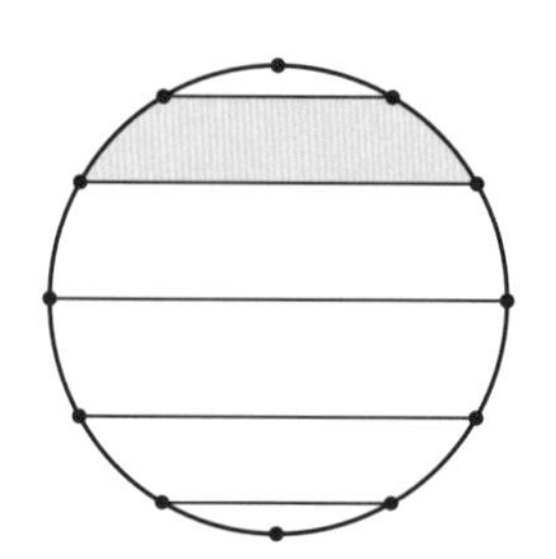

⑨ 右の図は長方形と $\frac{1}{4}$ 円を組み合わせたものです。

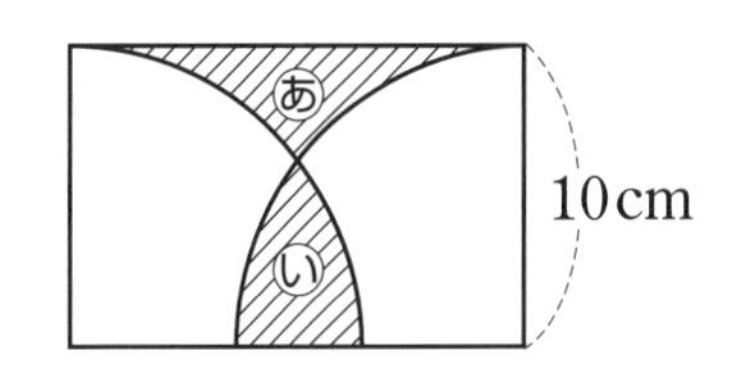

ⓐとⓘの部分の面積が等しいとき，長方形の横の長さは何 cm ですか。ただし，円周率は 3.14 とします。

（神奈川・日本女子大附中）

⑩ 図は，半円と二等辺三角形を組み合わせたものです。印をつけた角は直角です。アの部分の面積とイの部分の面積の合計は 326.25cm^2 です。アの部分の面積は何 cm^2 ですか。円周率は 3.14 です。

（東京・雙葉中）

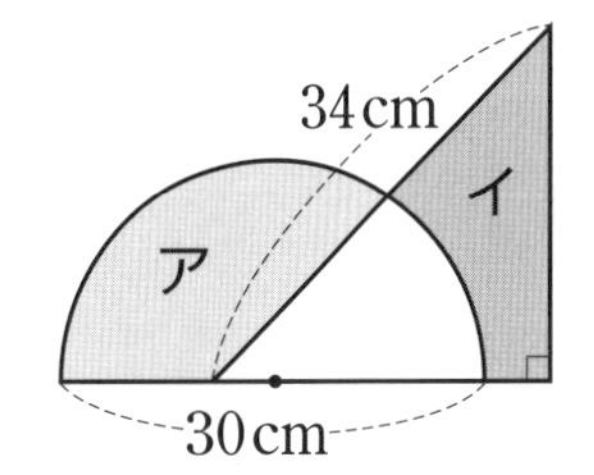

⑪ 右の図のように，直径 AB が 12cm の半円の紙を，直線 AC を折り目として折り曲げたところ，半円の円周が半円の中心 O と重なりました。かげの部分の面積は［　　］cm^2 です。［　　］にあてはまる数を求めなさい。ただし，円周率は 3.14 とします。

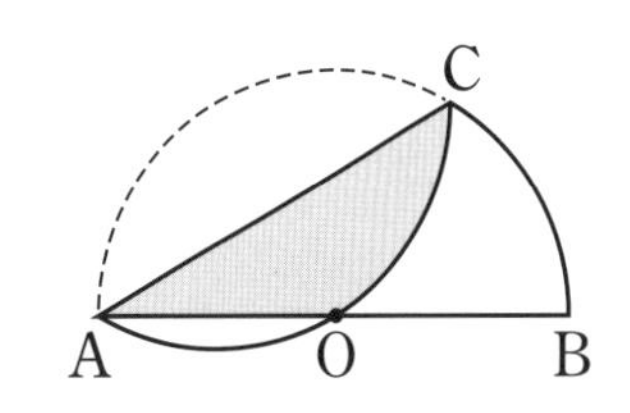

（東京・慶應中等部）

⑫ 図のように，平行四辺形(へいこうしへんけい)の形をした花だんABCDに，はば1.2mの道を作りました。道の部分をのぞいた花だんの面積(めんせき)は［　　］m² です。［　　］にあてはまる数を求(もと)めなさい。

（東京・青山学院中等部）

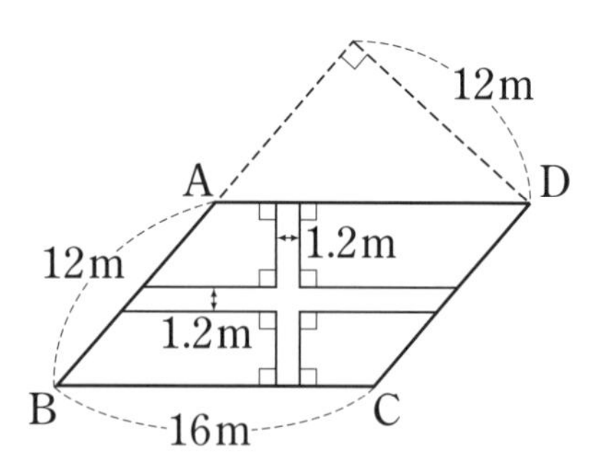

⑬ 右の図のような，長方形と三角形からなる図形があります。しゃ線部分の面積は［　　］cm² です。［　　］にあてはまる数を求めなさい。（大阪女学院中）

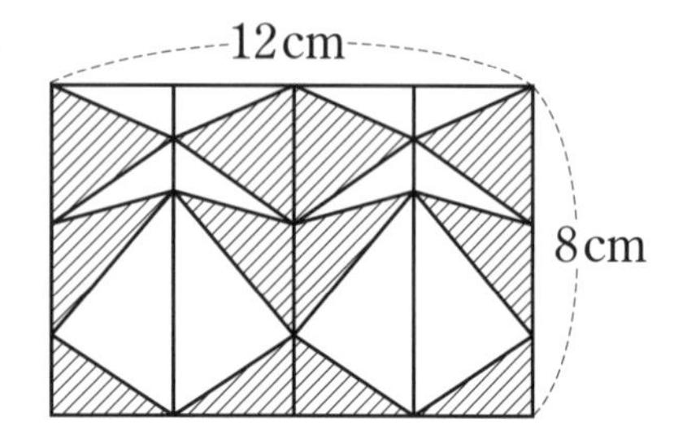

⑭ 右の図は，正方形 ABCD をかいた後に，点 B を中心とした半径（はんけい）10cm の円と，CD を直径とした円をかいたものです。このとき，しゃ線部分の面積の合計は何 cm^2 ですか。ただし，円周率（えんしゅうりつ）は 3.14 とします。

（東京・白百合学園中）

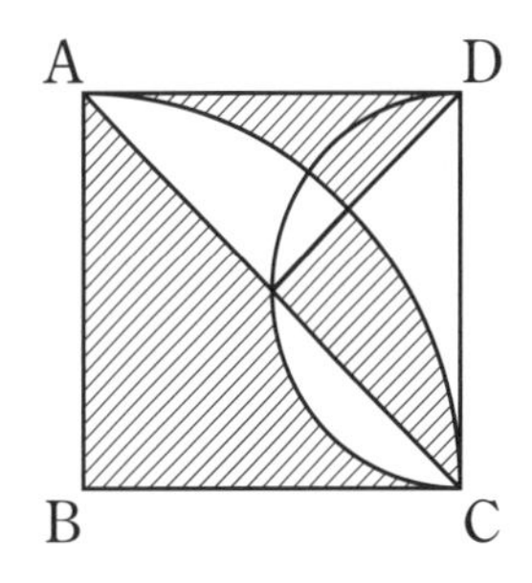

⑮ 右の図で，AB＝DE，BC＝CD のとき，角 CED＝□°です。□にあてはまる数を求めなさい。

（奈良・西大和学園中）

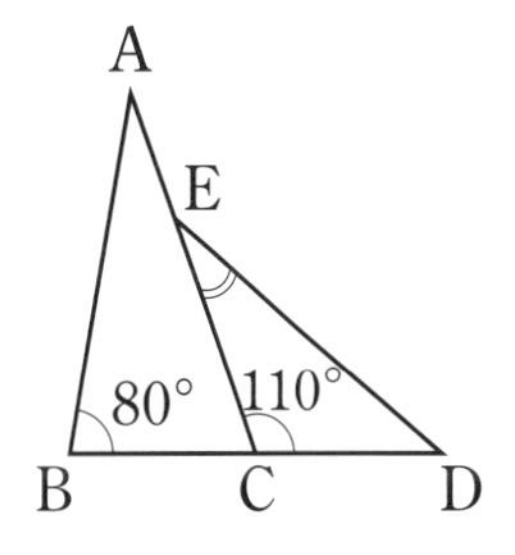

③

● 著者紹介

栗根 秀史（あわね ひでし）

教育研究グループ「エデュケーションフロンティア」代表。森上教育研究所客員研究員。大学在学中より塾講師を始め，35年以上に亘り中学受験の算数を指導。SAPIX小学部教室長，私立さとえ学園小学校教頭を経て，現在は算数教育の研究に専念する傍ら，教材開発やセミナー・講演を行っている。また，独自の指導法によって数多くの「算数大好き少年・少女」を育て，「算数オリンピック金メダリスト」をはじめとする「算数オリンピックファイナリスト」や灘中，開成中，桜蔭中合格者等を輩出している。『中学入試 最高水準問題集 算数』『速ワザ算数シリーズ』（いずれも文英堂）等著作多数。

□ 編集協力　山口雄哉（私立さとえ学園小学校教諭）
□ 図版作成　㈲デザインスタジオ エキス.

シグマベスト
中学入試　分野別集中レッスン
算数　平面図形

著　者　栗根秀史
発行者　益井英郎
印刷所　NISSHA株式会社
発行所　株式会社文英堂
〒601-8121　京都市南区上鳥羽大物町28
〒162-0832　東京都新宿区岩戸町17
（代表）03-3269-4231

●落丁・乱丁はおとりかえします。

中学入試

分野別

集中レッスン

平面図形

解答・解説

文英堂

練習問題 1-❶ の答え

問題➡本冊5ページ

1 (1) 60° (2) 74°　**2** 62.8cm

解き方

1 下の図のように，AP，CPを結んで考えます。

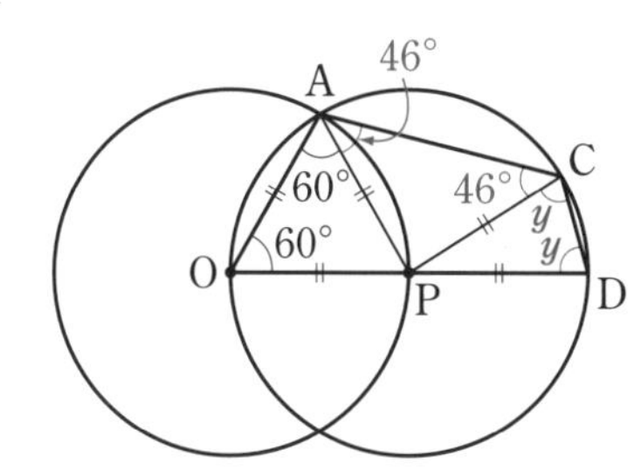

(1) 三角形AOPにおいて，AO，OP，APはどれも円の半径で長さが等しくなりますから，三角形AOPは正三角形です。よって，角 x の大きさは**60°**になります。

(2) AP，CPはともに円Pの半径ですから，長さが等しくなります。

よって，三角形PCAは二等辺三角形ですから

角PCA＝角PAC＝106°−60°＝46°

また，三角形CPDもPC＝PDの二等辺三角形ですから

角PCD＝角PDC＝y

したがって，四角形AODCの内角の和に着目すると

60°＋106°＋46°＋y＋y＝360°

y について解くと

y＝(360°−60°−106°−46°)÷2＝**74°**

2 次の図のように，おうぎ形の弧の上の点A，B，C，Dとそれぞれのおうぎ形の中心O，P，Q，Rを結ぶと，三角形ARO，BOP，CPQ，DQRはすべて1辺が6cmの正三角形になります。

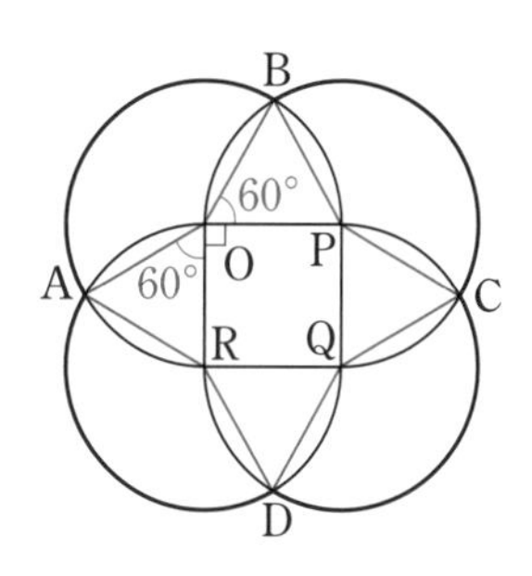

おうぎ形AOBの中心角は

360°−(60°×2＋90°)＝150°

求める長さは，弧AB 4つ分ですから

$6\times2\times3.14\times\frac{150}{360}\times4$

➊ おうぎ形の弧の長さ＝半径×2×円周率×$\frac{中心角}{360}$

＝20×3.14

＝**62.8(cm)**

練習問題 1－❷の答え

問題➡本冊7ページ

1 123.36cm　　**2** 101.4cm

解き方

1 右の図のように，円柱を真上から見た図で考えます。まず，ひもを直線部分と曲線部分に分けます。

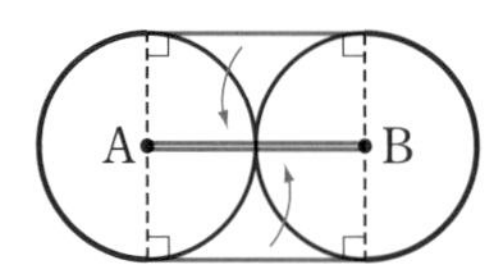

直線部分の長さは，円の半径の4つ分ですから

$12 \times 4 = 48$(cm)

↑これは，中心どうしを結んだ直線ABを縦0cm，横24cmの長方形と考えたときの，この長方形のまわりの長さであるとも言えます。

曲線部分の長さは，円1つ分の円周の長さと等しいですから

$12 \times 2 \times 3.14 = 75.36$(cm)

したがって，求める長さは

$48 + 75.36 =$ **123.36(cm)**

2 下の図のように，ひもを直線部分と曲線部分に分けます。

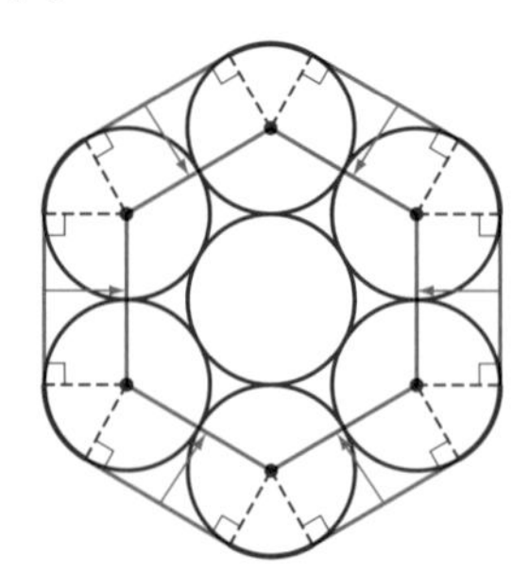

直線部分の長さは，円の中心を結ぶ図形(正六角形)のまわりの長さと等しいですから

$(5 \times 2) \times 6 = 60$(cm)

曲線部分の長さは，円1つ分の円周の長さと等しいですから

$5 \times 2 \times 3.14 = 31.4$(cm)

したがって，求める長さは，結び目の10cmを合わせて

$60 + 31.4 + 10 =$ **101.4(cm)**

↑結び目

合同な図形を見つける

練習問題 2-❶ の答え

問題➡本冊 9 ページ

1 45°　　**2** 135°

解き方

1 右の図のように，DF を結びます。三角形 EBF と三角形 FCD において

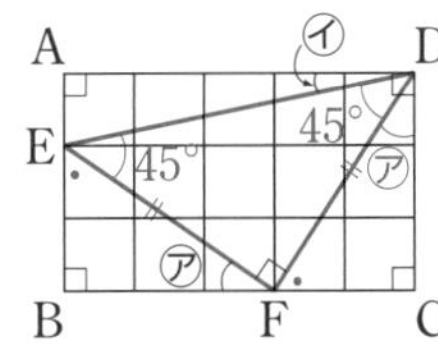

EB＝FC，BF＝CD，

角 EBF＝角 FCD＝90°

より，2 組の辺とその間の角がそれぞれ等しいから，三角形 EBF と三角形 FCD は合同です。

よって　EF＝FD，㋐＋●＝90°

より，三角形 EFD は直角二等辺三角形になります。したがって角 EDF＝45°より

㋐＋㋑＝90°−45°＝**45°**

2 まず，右の図1のように，PQ を AB の位置に平行移動させたあと，AP と BQ は平行であることから，錯角は等しくなることを利用して，㋐の角を㋑の角の近くにもっていきます。

図 1

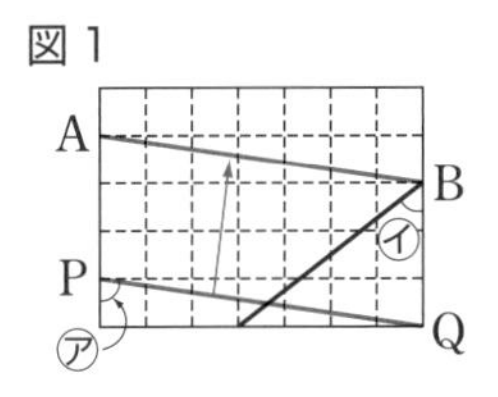

図 2

次に，右の図2において，AC を結ぶと，三角形 ADC と三角形 CEB は合同ですから，三角形 ACB は直角二等辺三角形になり，

角 ABC＝45°です。したがって

㋐＋㋑＝180°−45°＝**135°**

練習問題 2-❷ の答え

問題➡本冊 11 ページ

1 ⑴ 三角形ADF　⑵ 32°

2 ⑴ 三角形EBC，三角形ACD　⑵ 34°

解き方

1 ⑴ 三角形 ABF と三角形 ADF が合同です。なぜなら，AB=AD，AF は共通，角 BAF＝角 DAF＝45°より，2 組の辺とその間の角がそれぞれ等しくなっているからです。

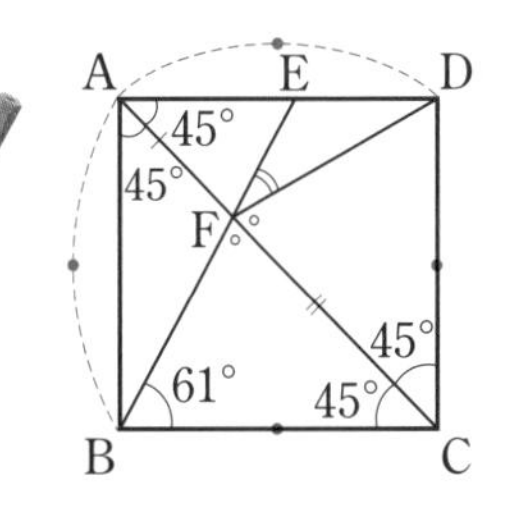

⑵ 角 BFC＝180°−(61°＋45°)＝74°

三角形 FBC と三角形 FDC において

BC＝DC，FC は共通，

角 BCF＝角 DCF＝45°

よって，2 組の辺とその間の角がそれぞれ等しいですから，三角形 FBC と三角形 FDC は合同です。したがって，角 DFC も角 BFC と等しく 74°であることがわかりますから

角 EFD＝180°−74°×2＝**32°**

2 ⑴ 三角形 ABD と三角形 EBC が合同です。なぜなら

AB＝EB，BD＝BC，

角 ABD＝角 EBC＝64°＋60°＝124°

より，2 組の辺とその間の角がそれぞれ等しくなっているからです。

また，三角形 ABD と三角形 ACD も合同です。なぜなら

AB＝AC，BD＝CD，AD は共通

より，3 組の辺がそれぞれ等しくなっているからです。

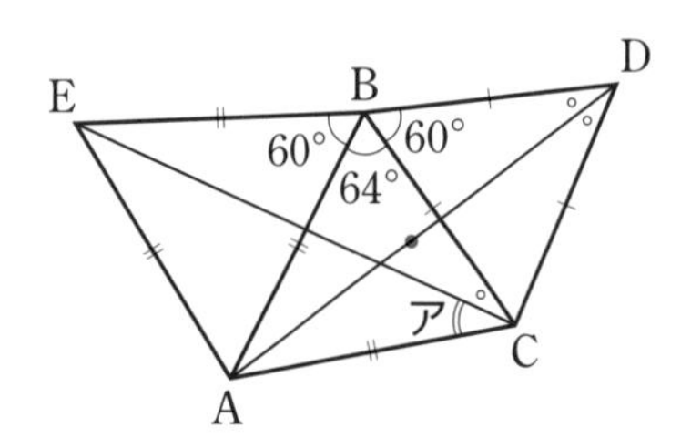

(2) (1)より，図の○どうしの角はすべて等しいことがわかります。○の角の大きさは

$60° \div 2 = 30°$

角 ACB＝角 ABC＝64°より，角アの大きさは

$64° - 30° = $ **34°**

3日目 区切ってたす・囲んでひく

練習問題 3-❶ の答え

問題➡本冊13ページ

1 54cm²　　**2** 17cm²

解き方

1 下の図のように，しゃ線部分の四角形を２つに区切って考えます。

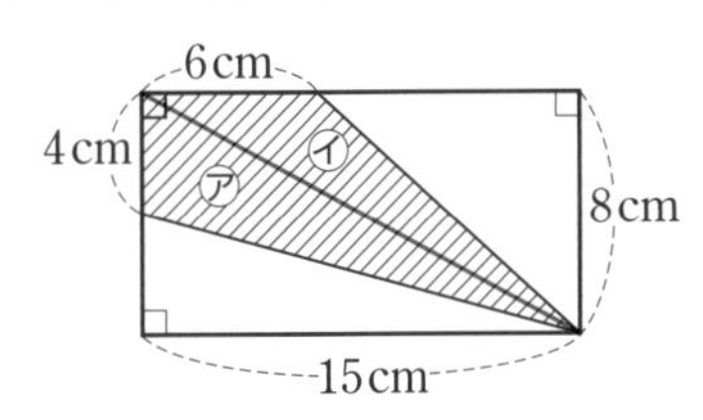

三角形㋐の面積は

$4\times15\div2=30(\text{cm}^2)$

三角形㋑の面積は

$6\times8\div2=24(\text{cm}^2)$

よって，求める面積は

$30+24=\mathbf{54(cm^2)}$

2 右の図のようにしゃ線部分の四角形を２つに区切って考えます。

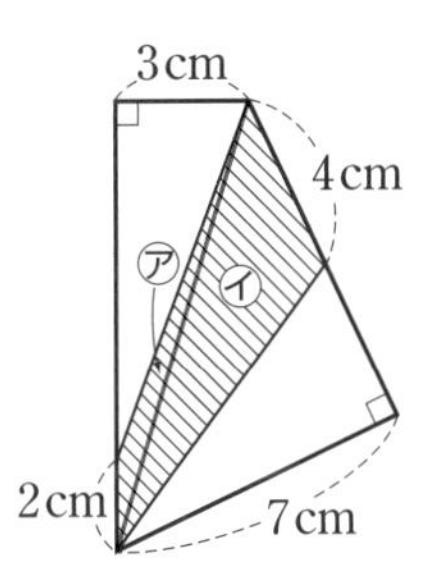

三角形㋐の面積は

$2\times3\div2=3(\text{cm}^2)$

三角形㋑の面積は

$4\times7\div2=14(\text{cm}^2)$

よって，求める面積は

$3+14=\mathbf{17(cm^2)}$

練習問題 3-❷ の答え

問題➡本冊15ページ

1 9.12cm²　　**2** 11.5cm²

解き方

1 右の図のように，半円どうしが交わった点Eと，２つの半円の中心C，Dをそれぞれ結んで考えます。

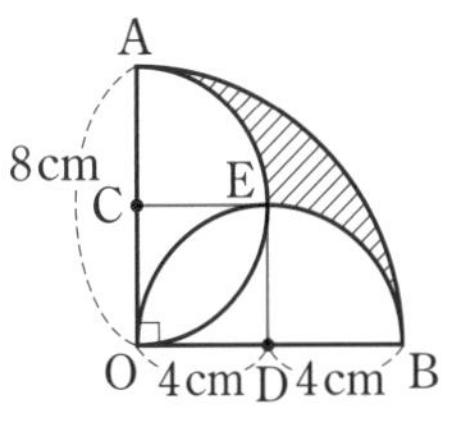

円周上の特別な点は，中心と結んで考える

しゃ線部分の面積は，おうぎ形AOBの面積から，おうぎ形ACE，おうぎ形EDB，正方形CODEの３つの図形の面積をひいて求めます。

から

$8\times8\times3.14\times\frac{1}{4}-4\times4\times3.14\times\frac{1}{4}\times2-4\times4$

$=(16-8)\times3.14-16$

$=\mathbf{9.12(cm^2)}$

2 右の図1で，しゃ線部分の面積は，直角二等辺三角形ABCの面積から直角二等辺三角形ADEの面積をひいて求めます。

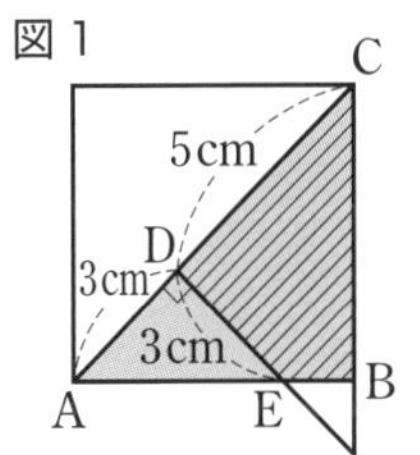
図1

直角二等辺三角形ABCで，底辺をAC(＝8cm)としたときの高さは，図2よりBH(＝4cm)とわかりますから，面積は

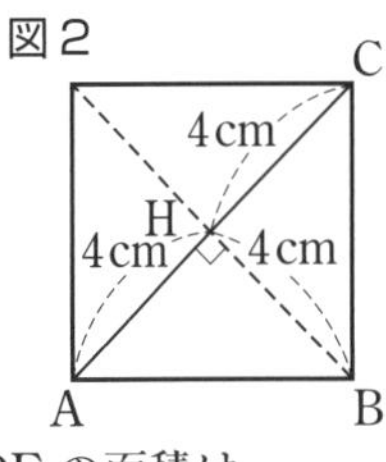
図2

$8\times4\div2=16(\text{cm}^2)$

また，直角二等辺三角形ADEの面積は

$3\times3\div2=4.5(\text{cm}^2)$

よって，求める面積は

$16-4.5=\mathbf{11.5(cm^2)}$

問題➡本冊16ページ

1 72°　**2** 108°　**3** 25.12cm

4 ㋑のほうが 10cm 長く使う

5 45°　**6** 90°　**7** 8cm²

8 28.56cm²　**9** 5cm　**10** 87.5cm²

11 25.12cm²　**12** 45.76cm²

解き方

1 円周上の点 A，B，C と円の中心 O を結んで考えます。

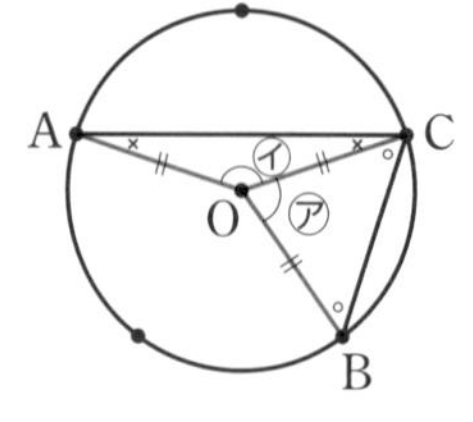

角㋐は，$360° \div 5 = 72°$

より，○の角は

$(180° - 72°) \div 2 = 54°$

角㋑は，$72° \times 2 = 144°$より，×の角は

$(180° - 144°) \div 2 = 18°$

したがって，角 x の大きさは

$54° + 18° = $ **72°**

2 円周上の点 C と円の中心 O を結んで考えます。

角 BOC は

$180° - 64° \times 2 = 52°$

角 OAC は

$(180° - 88° - 52°) \div 2 = 20°$

よって，外角の定理より，角 x の大きさは

$20° + 88° = $ **108°**

3 まず，右の図1のように，EB，ECをそれぞれ結ぶと，EB，EC はともにおうぎ形の半径で長さが 12cm になりますから，三角形 EBC は正三角形であることがわかります。

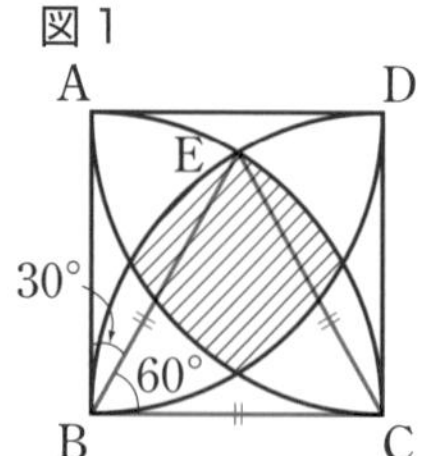

よって，角 EBC の大きさは 60°ですから，

角 ABE の大きさは　$90° - 60° = 30°$

次に，同様にして，右の図2のように，FA，FB をそれぞれ結ぶと，FA，FB はともにおうぎ形の半径で長さが 12cm になりますから，三角形 FAB も正三角形であることがわかります。

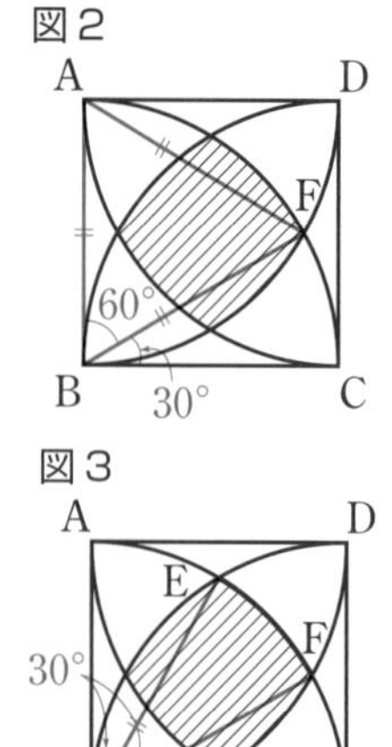

よって，角 ABF の大きさは 60°ですから，右の図3において，角 EBF の大きさは

角 ABF − 角 ABE $= 60° - 30° = 30°$

したがって，求める長さは，弧 EF の長さの 4 つ分ですから

$12 \times 2 \times 3.14 \times \frac{30}{360} \times 4$

$= 8 \times 3.14$

$=$ **25.12**(cm)

4 ㋐と㋑の曲線部分の長さは，どちらも円 1 つ分の円周の長さになり，等しいですから，直線部分の長さの差を考えればよいことになります。

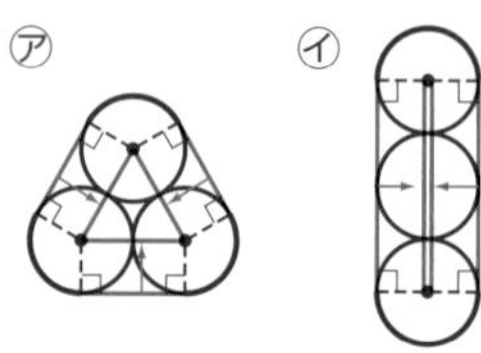

したがって，長さの差は

$(5 \times 2) \times 4 - (5 \times 2) \times 3 = 10$(cm)

よって，**㋑のほうが 10cm 長く使います。**

5 右の図で，2つの直角三角形 ADB，CEA は合同(2組の辺とその間の角がそれぞれ等しい)ですから，三角形 ABC は AB＝AC，角 BAC＝90°の直角二等辺三角形になります。

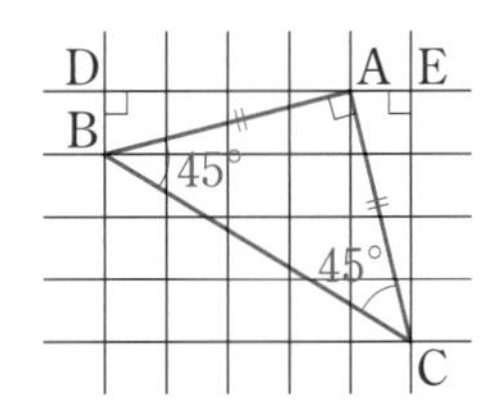

よって　角 ABC＝**45°**

6 下の図1で，三角形 ABE と三角形 ADG において

AB＝AD，AE＝AG，

角 BAE＝角 DAG(＝90°＋角 DAE)

より，2組の辺とその間の角がそれぞれ等しいですから，三角形 ABE と三角形 ADG は合同です。

図1

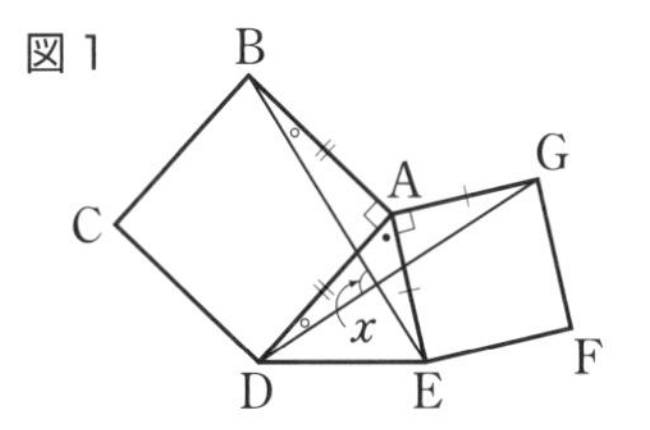

よって　角 ABE＝角 ADG

下の図2の色のついた2つの三角形に着目すると

○＋x＝○＋90°になりますから，x＝**90°** とわかります。

図2

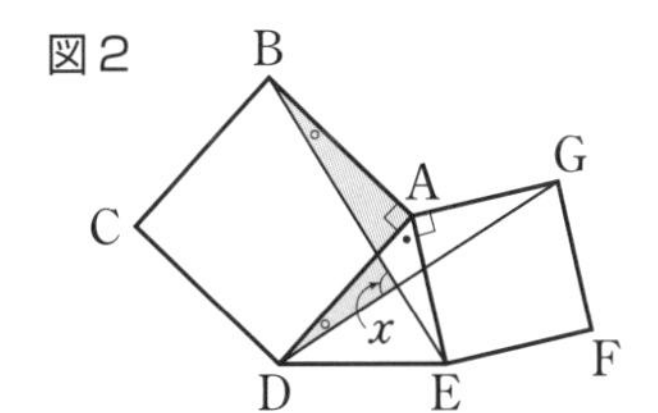

7 右の図のように，しゃ線部分の四角形を2つに区切って考えます。

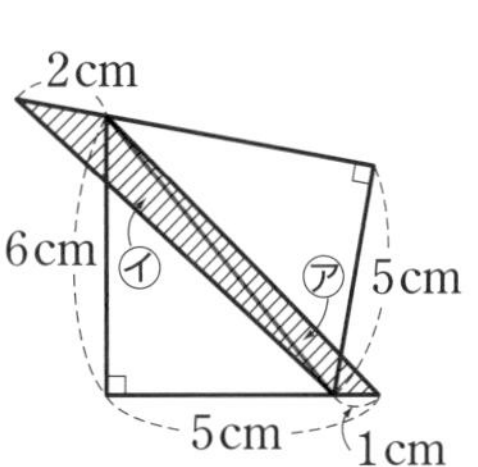

三角形㋐の面積は

$1\times6\div2=3(\text{cm}^2)$

三角形㋑の面積は

$2\times5\div2=5(\text{cm}^2)$

よって，求める面積は

$3+5=$**8(cm²)**

8 右の図のように，しゃ線部分の図形を3つに区切って考えます。

おうぎ形㋐の面積は

$$4\times4\times3.14\times\frac{1}{4}=12.56(\text{cm}^2)$$

三角形㋑の面積(＝三角形㋒の面積)は

$4\times4\div2=8(\text{cm}^2)$

したがって，求める面積は

$12.56+8\times2=$**28.56(cm²)**

9 しゃ線部分の正方形の面積は

$7\times7-3\times4\div2\times4=25(\text{cm}^2)$

$25=5\times5$ より，この正方形の1辺の長さは **5cm** とわかります。

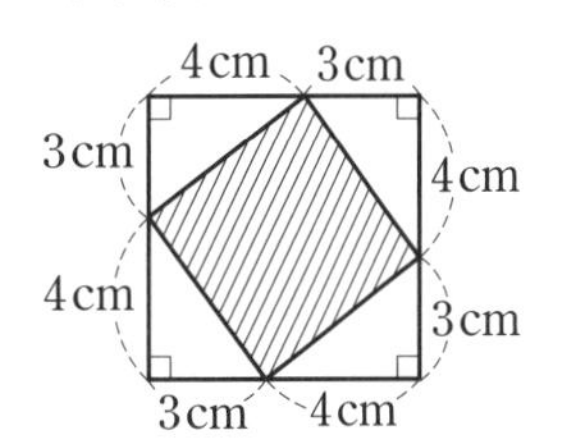

10 しゃ線部分の面積は，直角二等辺三角形 DBE の面積から，直角二等辺三角形 FGE の面積をひいて求めます。直角二等辺三角形 DBE の面積は

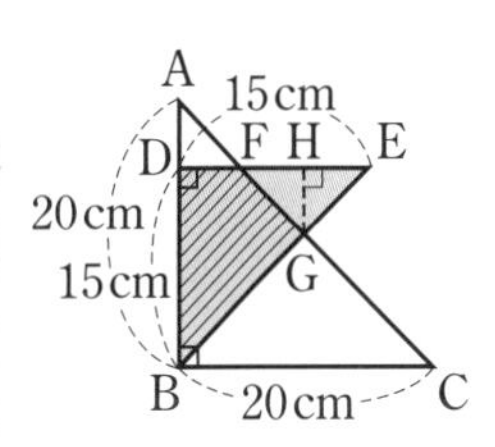

$15\times15\div2=112.5(\text{cm}^2)$

DF＝AD＝20−15＝5(cm)より

FE＝15−5＝10(cm)

よって，HG＝10÷2＝5(cm)になりますから，直角二等辺三角形 FGE の面積は

$10\times5\div2=25(\text{cm}^2)$

したがって，求める面積は

$112.5-25=$**87.5(cm²)**

直角二等辺三角形の面積

右の図の直角二等辺三角形の面積は

$a\times a\div2\div2$

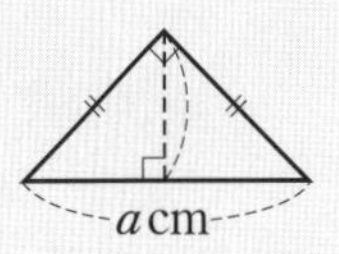

11 半径8cm，中心角90°のおうぎ形の面積から，半径4cmの半円の面積をひいて求めます。

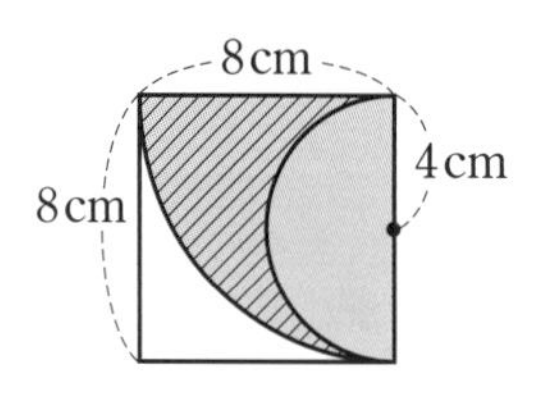

$$8 \times 8 \times 3.14 \times \frac{1}{4} - 4 \times 4 \times 3.14 \times \frac{1}{2}$$

$= (16-8) \times 3.14$

$=$ **25.12(cm²)**

12 下の図のように，半円の弧の上の点Dと半円の中心Oを結んで考えます。

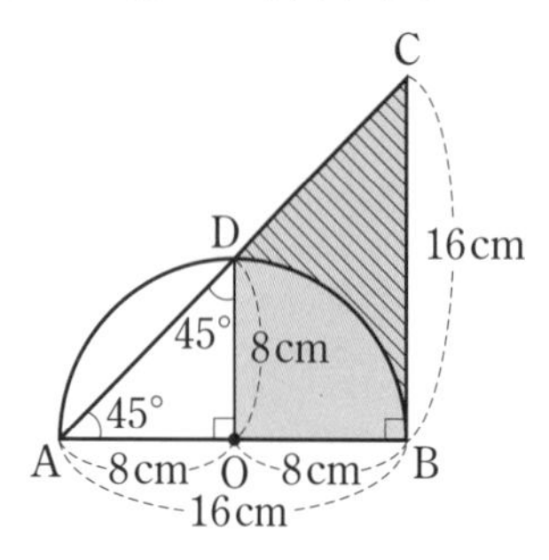

しゃ線部分の面積は，台形DOBCの面積からおうぎ形DOBの面積をひいて求めます。

$$(8+16) \times 8 \div 2 - 8 \times 8 \times 3.14 \times \frac{1}{4}$$

$= 96 - 50.24$

$=$ **45.76(cm²)**

4日目

1日目〜3日目の復習

練習問題 5-❶ の答え

問題➡本冊21ページ

1 **26cm²**　　2 **14.55cm²**

解き方

1 右の図で，三角形ABCの底辺をBCとしたときの高さはAHになります。三角形ABHにおいて

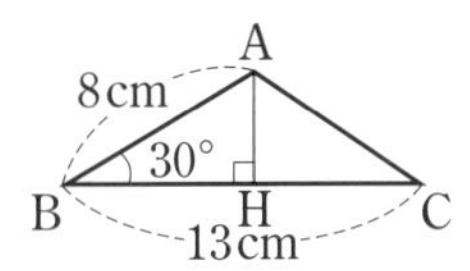

角 ABH＝30°，角 AHB＝90°，

角 BAH＝180°－(30°＋90°)＝60°

より，三角形 ABH は1辺が 8cm の正三角形を2等分してできた直角三角形であることがわかりますから

$AH=8\div 2=4$(cm)

よって，三角形 ABC の面積は

$13\times 4\div 2=$ **26(cm²)**

2 右の図1で，三角形AHCは，三角形AHOと合同ですから，

AC＝6cm,

角 ACH＝75° です。

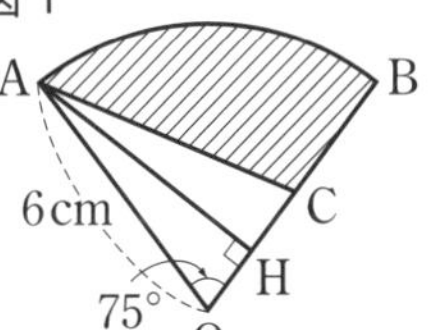

よって

角 CAO＝180°－75°×2

＝30°

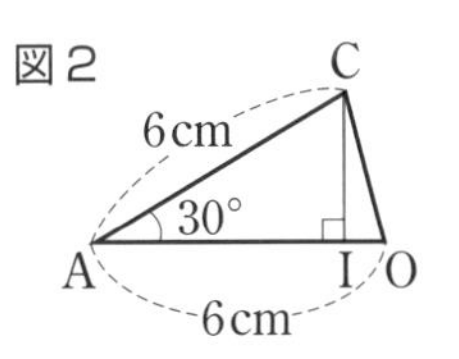

になりますから，図2のように三角形CAOの底辺をAOとしたときの高さCIは

$6\div 2=3$(cm)

より，三角形 CAO の面積は

$6\times 3\div 2=9$(cm²)

また，おうぎ形 AOB の面積は

$6\times 6\times 3.14\times \frac{75}{360}=7.5\times 3.14$

$=23.55$(cm²)

したがって，求める面積は

$23.55-9=$ **14.55(cm²)**

練習問題 5-❷ の答え

問題➡本冊23ページ

1 **17.5cm²**　　2 **152.4cm²**

解き方

1 下の図で，三角形ABCの底辺をABとしたときの高さはCHとなります。

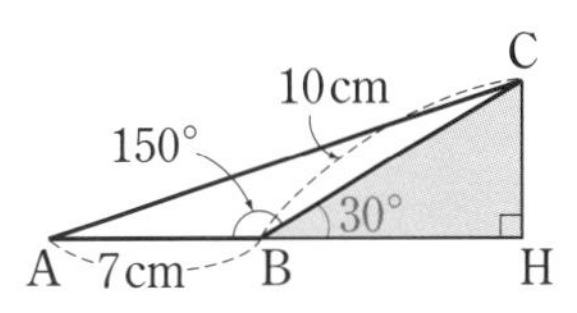

三角形 BCH は，1辺が 10cm の正三角形を2等分してできた直角三角形ですから，CH の長さは

$10\div 2=5$(cm)

よって，求める面積は

$7\times 5\div 2=$ **17.5(cm²)**

2 下の図で，三角形AOBの底辺をAOとしたときの高さはBHとなります。

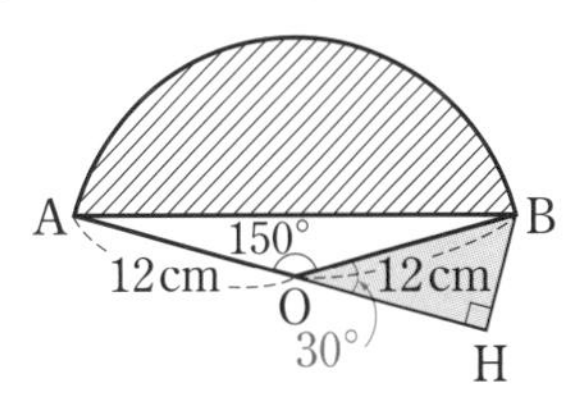

$BH=12\div 2=6$(cm)

より，三角形 AOB の面積は

$12\times 6\div 2=36$(cm²)

また，おうぎ形 AOB の面積は

$12\times 12\times 3.14\times \frac{150}{360}=60\times 3.14$

$=188.4$(cm²)

したがって，求める面積は

$188.4-36=$ **152.4(cm²)**

図形の式で考える

練習問題 6-❶ の答え

問題➡本冊25ページ

1 2.28cm² **2** 40.26cm²

解き方

1 図形の式で考えます。

（単位：cm）

よって，求める面積は

$$2\times2\times3.14\times\frac{1}{4}\times2-2\times2$$

$=6.28-4$

$=\mathbf{2.28}(\mathbf{cm^2})$

2 図形の式で考えます。

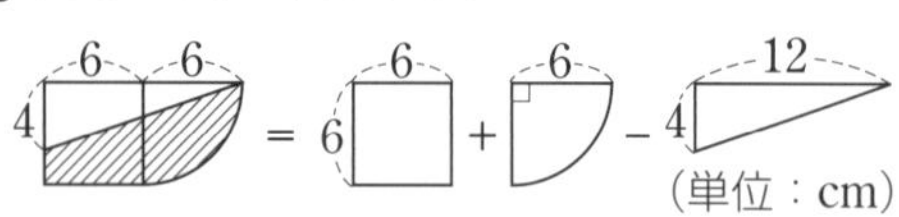

よって，求める面積は

$$6\times6+6\times6\times3.14\times\frac{1}{4}-4\times12\div2$$

$=36+28.26-24$

$=\mathbf{40.26}(\mathbf{cm^2})$

練習問題 6-❷ の答え

問題➡本冊27ページ

1 48cm² **2** 24cm²

解き方

1 図形の式で考えます。

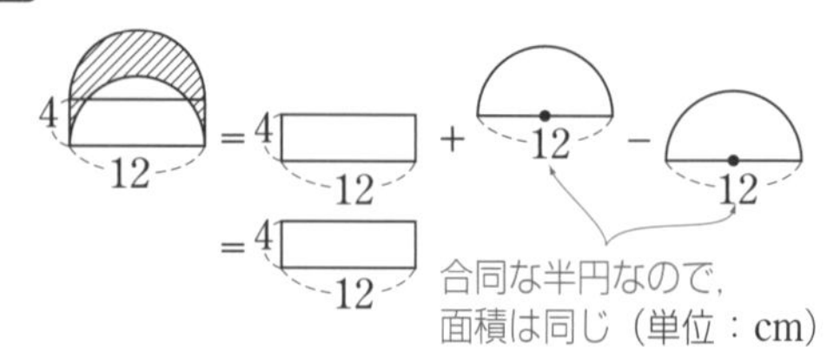

よって，求める面積は　$4\times12=\mathbf{48}(\mathbf{cm^2})$

2 図形の式で考えます。

（単位：cm）

それぞれの半円の半径は

$8\div2=4(\text{cm})$，$6\div2=3(\text{cm})$，

$10\div2=5(\text{cm})$

よって，求める面積は

$$8\times6\div2+4\times4\times3.14\times\frac{1}{2}$$

$$+3\times3\times3.14\times\frac{1}{2}-5\times5\times3.14\times\frac{1}{2}$$

$$=24+\underline{(4\times4+3\times3-5\times5)}\times3.14\times\frac{1}{2}$$

↑0になる

$=\mathbf{24}(\mathbf{cm^2})$

7日目 等しい面積をつけ加える

練習問題 7-❶ の答え

問題➡本冊29ページ

1 31.4cm　**2** 5.7cm

解き方

1 右の図で，㋐と㋑の部分の面積が等しいとき，㋐＋㋒ と㋑＋㋒ の部分の面積は等しくなります。

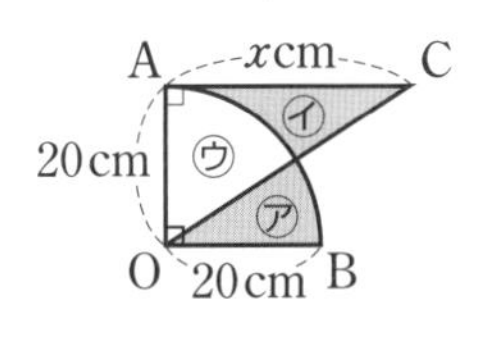

㋐＋㋒の面積（おうぎ形 AOB の面積）は

$$20\times20\times3.14\times\frac{1}{4}=100\times3.14=314(\text{cm}^2)$$

よって㋑＋㋒の面積（三角形 AOC の面積）も 314cm^2 になりますから

x の長さは

$$314\times2\div20=\mathbf{31.4(cm)}$$

2 下の図で，㋐＋㋒と㋑の部分の面積が等しいとき，㋐＋㋒＋㋓と㋑＋㋓の部分の面積は等しくなります。

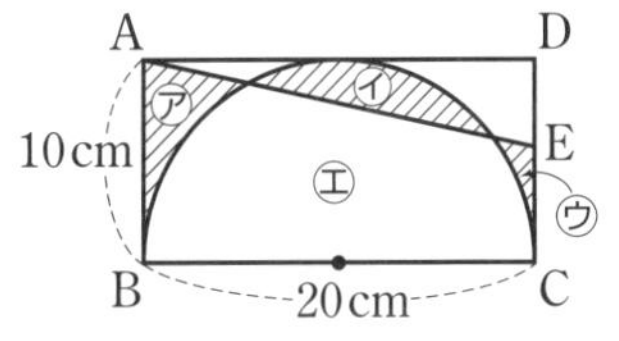

㋑＋㋓の面積（半円の面積）は

$$10\times10\times3.14\times\frac{1}{2}=50\times3.14$$
$$=157(\text{cm}^2)$$

よって，㋐＋㋒＋㋓の面積（台形 ABCE の面積）も 157cm^2 になりますから，CE の長さは

$$157\times2\div20-10=\mathbf{5.7(cm)}$$

練習問題 7-❷ の答え

問題➡本冊31ページ

1 36.48cm^2　**2** 9.42cm^2

解き方

1 右の図で，㋐と㋑の部分の面積の差は，㋐＋㋒と㋑＋㋒の部分の面積の差に等しくなります。

㋐＋㋒の面積（半円の面積）は

$$8\times8\times3.14\times\frac{1}{2}=32\times3.14$$
$$=100.48(\text{cm}^2)$$

㋑＋㋒の面積（三角形 BCD の面積）は

$$16\times8\div2=64(\text{cm}^2)$$

したがって，求める面積の差は

$$100.48-64=\mathbf{36.48(cm^2)}$$

2 右の図で，直角三角形 AOP は1辺が 6cm の正三角形を2等分してできた三角形ですから，角 AOP＝60° になります。

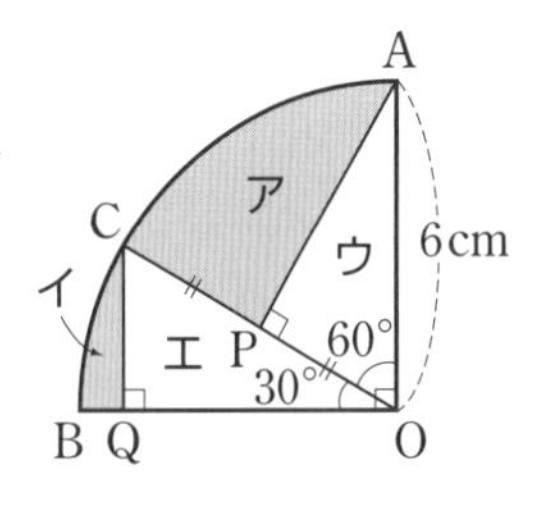

よって，角 COQ＝90°−60°＝30° より，直角三角形 CQO も1辺が 6cm の正三角形を2等分してできた三角形になります。

よって，ウとエの部分の面積は等しくなりますから，アとイの部分の面積の差は，ア＋ウとイ＋エの部分の面積の差に等しくなります。

ア＋ウの面積（おうぎ形 COA の面積）は

$$6\times6\times3.14\times\frac{60}{360}=6\times3.14(\text{cm}^2)$$

イ＋エの面積（おうぎ形 BOC の面積）は

$$6\times6\times3.14\times\frac{30}{360}=3\times3.14(\text{cm}^2)$$

したがって，求める面積の差は

$$6\times3.14-3\times3.14=3\times3.14=\mathbf{9.42(cm^2)}$$

1 $50cm^2$	2 $32cm^2$	3 $100cm^2$
4 $152.4cm^2$	5 $36.48cm^2$	6 $20.56cm^2$
7 $37.68cm^2$	8 $47.1cm^2$	9 4cm
10 40°	11 40°	12 $1.57cm^2$

解き方

1 右の図のように，四角形ABCDの面積は，三角形ABCの面積の2倍になります。三角形ABCの底辺をABとすると，高さはCHになります。

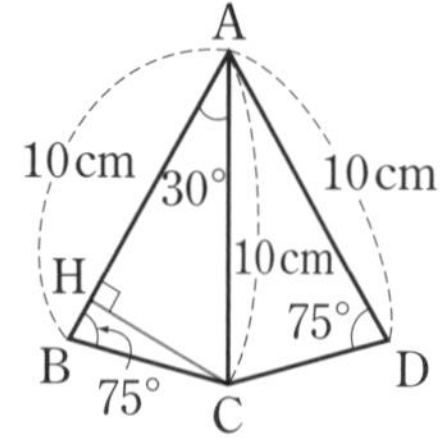

三角形ACHは1辺が10cmの正三角形を2等分してできた直角三角形ですから

$CH=10\div2=5(cm)$

したがって，三角形ABCの面積は

$10\times5\div2=25(cm^2)$

ですから，求める面積は

$25\times2=$**50**(cm^2)

2 下の図のように，問題の図の直角三角形2つ分の面積を考えます。

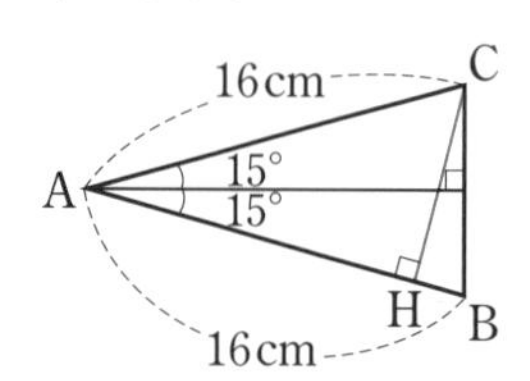

三角形ABCの底辺をABとすると，高さはCHになります。角CAB=30°より，三角形ACHは1辺が16cmの正三角形を2等分してできた直角三角形ですから

$CH=16\div2=8(cm)$

したがって，三角形ABCの面積は

$16\times8\div2=64(cm^2)$

ですから，求める面積は

$64\div2=$**32**(cm^2)

3 右の図で，三角形ABCの底辺をBCとしたときの高さはAHになります。

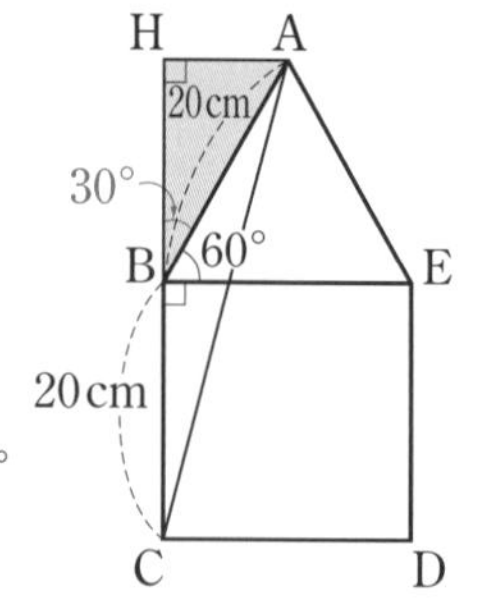

角ABH

$=180°-(60°+90°)=30°$

より，三角形AHBは1辺が20cmの正三角形を2等分してできた直角三角形ですから

$AH=20\div2=10(cm)$

したがって，三角形ABCの面積は

$20\times10\div2=$**100**(cm^2)

4 下の図のように，半円の弧の上の点Cと半円の中心Oを結びます。

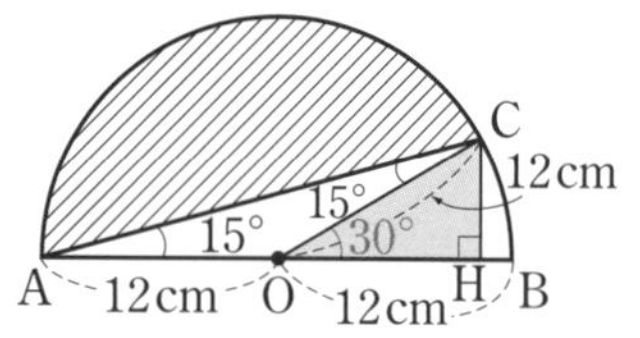

しゃ線部分の面積は，おうぎ形AOCの面積から三角形AOCの面積をひいて求めます。

角$AOC=180°-15°\times2=150°$

より，おうぎ形AOCの面積は

$12\times12\times3.14\times\frac{150}{360}=60\times3.14=188.4(cm^2)$

三角形AOCの底辺をAOとしたときの高さはCHになります。

角COH=30°より，$CH=12\div2=6(cm)$ですから，面積は

$12\times6\div2=36(cm^2)$

したがって，求める面積は

$188.4-36=$**152.4**(cm^2)

5 図形の式で考えます。

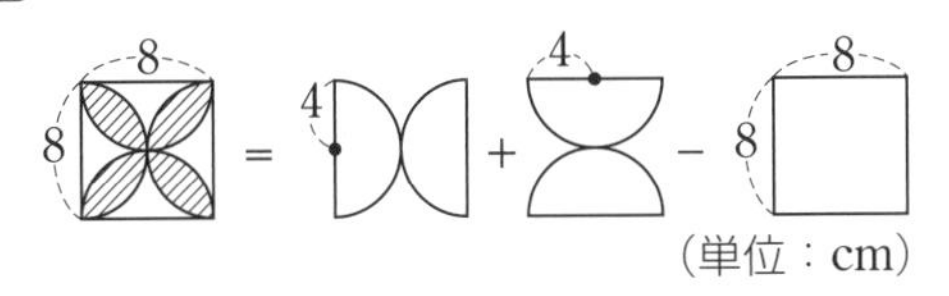

よって，求める面積は

$4\times4\times3.14\times\frac{1}{2}\times2\times2-8\times8$

$=32\times3.14-64$

$=\mathbf{36.48(cm^2)}$

6 図形の式で考えます。

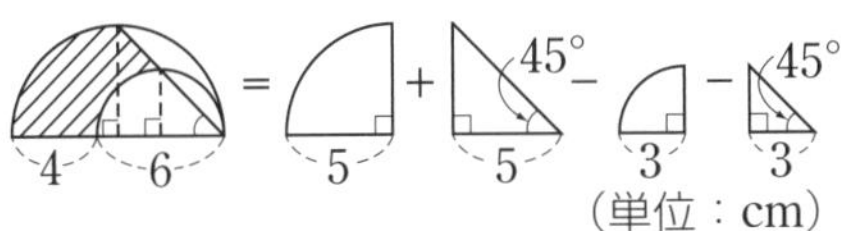

よって，求める面積は

$5\times5\times3.14\times\frac{1}{4}+5\times5\div2$

$-3\times3\times3.14\times\frac{1}{4}-3\times3\div2$

$=(25-9)\times3.14\times\frac{1}{4}+\frac{25}{2}-\frac{9}{2}$

$=4\times3.14+8$

$=\mathbf{20.56(cm^2)}$

7 図形の式で考えます。

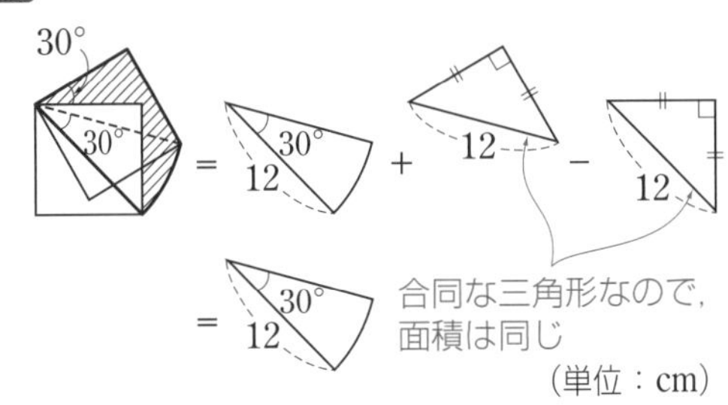

よって，求める面積は

$12\times12\times3.14\times\frac{30}{360}=12\times3.14$

$=\mathbf{37.68(cm^2)}$

8 図形の式で考えます。

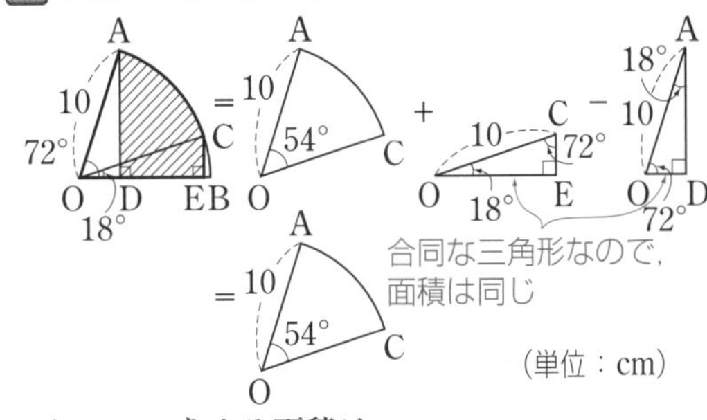

よって，求める面積は

$10\times10\times3.14\times\frac{54}{360}=15\times3.14$

$=\mathbf{47.1(cm^2)}$

9 次の図で，㋐＝㋑のとき，㋐＋㋒＝㋑＋㋒になります。㋑＋㋒(三角形ECD)の面積は

$6\times(2+8)\div2=30(cm^2)$

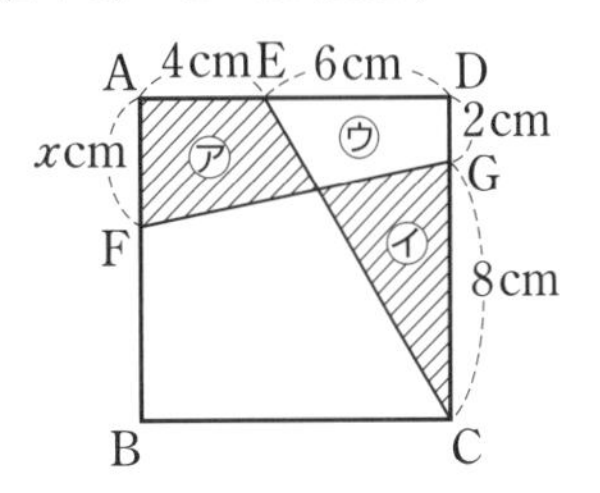

よって，㋐＋㋒(台形AFGD)の面積も30cm²になりますから，xは

$30\times2\div(4+6)-2=\mathbf{4(cm)}$

10 右の図で，

㋐＋㋑＝㋒＋㋓のとき，

㋐＋㋑＋㋔＝㋒＋㋓＋㋔

になります。

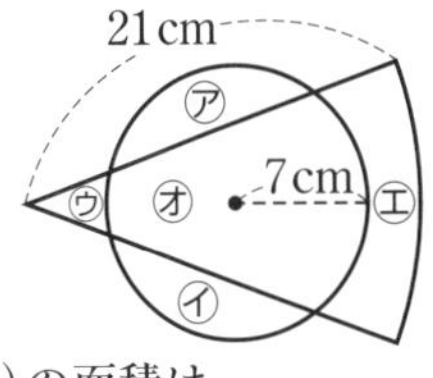

㋐＋㋑＋㋔(半径7cmの円)の面積は

$7\times7\times3.14=49\times3.14(cm^2)$

より，㋒＋㋓＋㋔(半径21cmのおうぎ形)の面積も49 × 3.14(cm²)になります。

中心角を□°とすると

$21\times21\times\cancel{3.14}\times\frac{\square}{360}=49\times\cancel{3.14}$

$\square=49\div21\div21\times360$

$=\frac{49\times360}{21\times21}$

$=\mathbf{40°}$

11 右の図で，ⓐ−ⓘの面積は，(ⓐ+ⓤ)−(ⓘ+ⓤ)の面積と等しくなります。

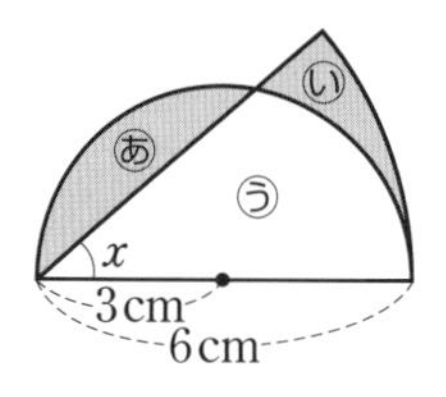

ⓐ+ⓤ(半径3cmの半円)の面積は

$$3\times3\times3.14\times\frac{1}{2}=4.5\times3.14$$
$$=14.13(\text{cm}^2)$$

より，ⓘ+ⓤ(半径6cmのおうぎ形)の面積は

$$14.13-1.57=12.56(\text{cm}^2)$$

になります。

$$6\times6\times3.14\times\frac{x}{360}=12.56$$
$$x=12.56\div3.14\div6\div6\times360$$
$$=\frac{4\times360}{6\times6}$$
$$=\mathbf{40°}$$

12 右の図で，2つの三角形C，Dは底辺が等しく(ともに3cm)，高さも等しい三角形ですから，

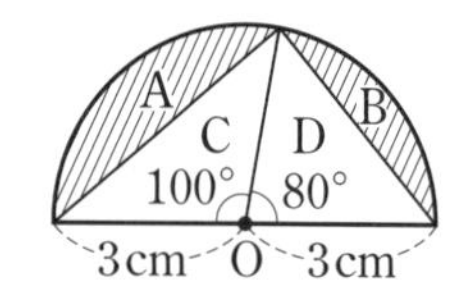

C，Dの面積は等しくなります。よって，A−Bの面積は，(A+C)−(B+D)の面積と等しくなります。

したがって，求める面積の差は

$$3\times3\times3.14\times\frac{100}{360}-3\times3\times3.14\times\frac{80}{360}$$
$$=3\times3\times3.14\times\frac{20}{360}$$
$$=0.5\times3.14$$
$$=\mathbf{1.57(cm^2)}$$

等しい面積を見つけて移動する

練習問題 9-❶ の答え

問題➡本冊37ページ

1 20.52cm²　　2 75cm²

解き方

1 下の図のように太線部分の図形を移動したあと，図形の式で考えます。

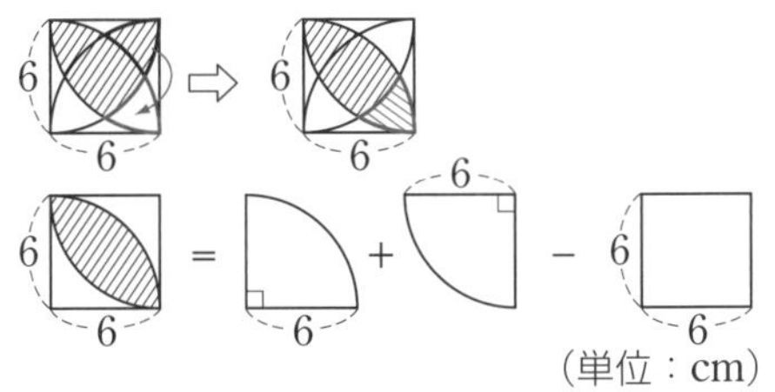

よって，求める面積は

$6\times6\times3.14\times\frac{1}{4}\times2-6\times6$

$=18\times3.14-36=\mathbf{20.52}(\mathrm{cm}^2)$

2 下の図のように，太線部分の図形を移動すると長方形になります。

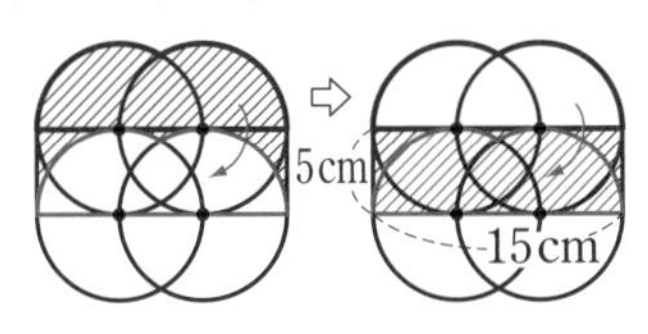

長方形の縦の長さは，円の半径と等しく 5cm，横の長さは円の半径の 3 倍と等しく（5×3＝）15cm になりますから，求める面積は

$5\times15=\mathbf{75}(\mathrm{cm}^2)$

練習問題 9-❷ の答え

問題➡本冊39ページ

1 78.5cm²　　2 18.84cm²

解き方

1 下の図で，PR と AB は平行ですから，等積変形を利用して，三角形 AOR の面積を三角形 AOP に移して考えます。

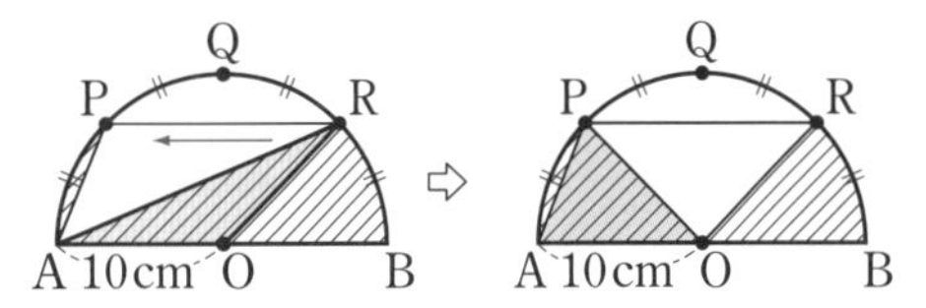

角 AOP＝角 BOR＝180°÷4＝45°より，求める面積は

$10\times10\times3.14\times\frac{45}{360}\times2=25\times3.14$

$=\mathbf{78.5}(\mathrm{cm}^2)$

2 下の図で，PR と AC は平行ですから，等積変形を利用して，三角形 RAB の面積を三角形 PAB に，三角形 RBC の面積を三角形 QBC に移して考えます。

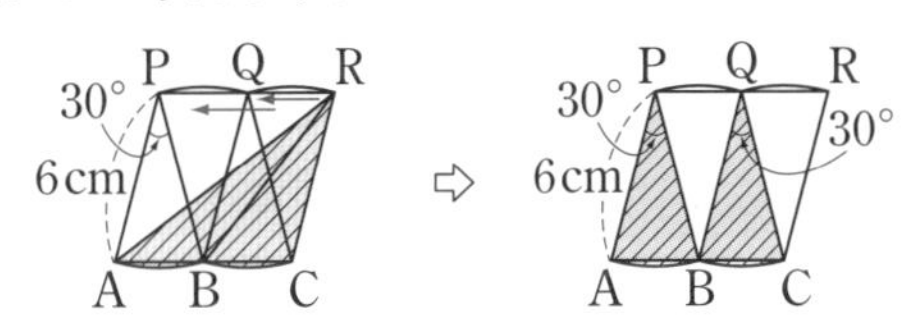

よって，求める面積は

$6\times6\times3.14\times\frac{30}{360}\times2=6\times3.14$

$=\mathbf{18.84}(\mathrm{cm}^2)$

寄せ集めて面積の和を求める

練習問題 10-❶ の答え

問題➡本冊41ページ

1 112.56m²　　2 200cm²

解き方

1 下の図のように，道の部分を取りのぞき，残りを寄せ集めると，1つの平行四辺形になります。

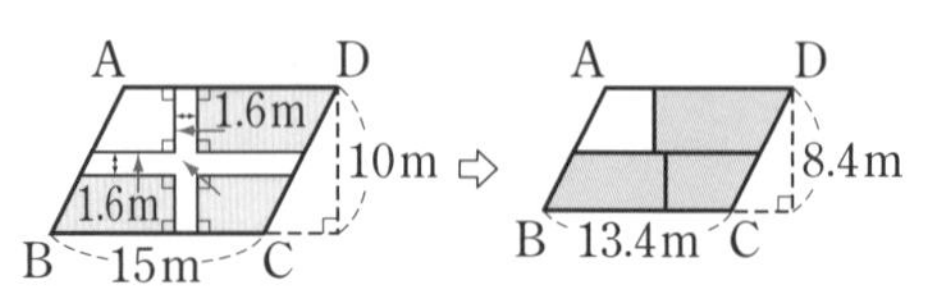

よって，求める面積は，底辺が(15−1.6＝)13.4m，高さが(10−1.6＝)8.4mの平行四辺形の面積になりますから

$13.4\times8.4=\mathbf{112.56}(\mathrm{m}^2)$

2 下の図のように，等積変形を利用して，しゃ線部分を寄せ集めて面積を求めます。

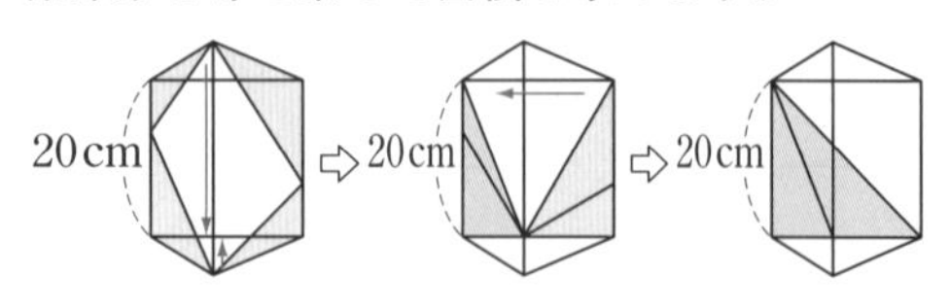

よって，求める面積は，底辺も高さも20cmの直角二等辺三角形の面積になりますから

$20\times20\div2=\mathbf{200}(\mathrm{cm}^2)$

練習問題 10-❷ の答え

問題➡本冊43ページ

1 4cm²　　2 14.25cm²

解き方

1 図1のしゃ線部分㋐，㋑と等しい部分を見つけて移動させると，図2のような直角二等辺三角形の面積(1辺が4cmの正方形を4等分した面積)と等しくなりますから

$4\times4\div4=\mathbf{4}(\mathrm{cm}^2)$

図1

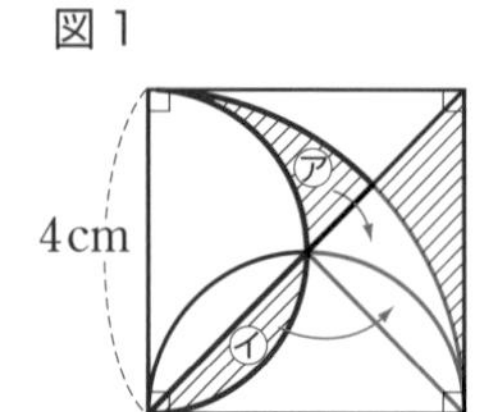

図2

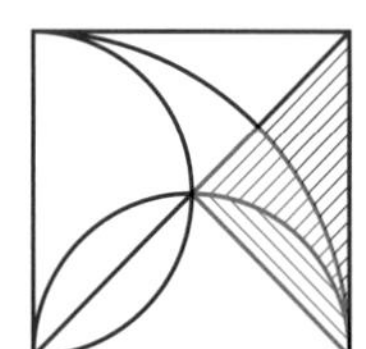

2 図1のように，色のついた部分㋐と等しい部分を見つけて移動させると，図2のような図形にまとめられます。この図形の面積は，おうぎ形BCEの面積から，直角二等辺三角形EFCの面積をひいて求めます。

CEの長さは，おうぎ形の半径(＝正方形ABCDの1辺)と等しく10cmですから，求める面積は

図1

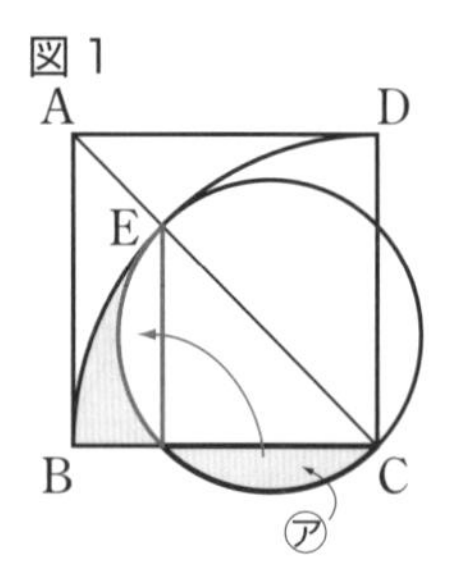

図2

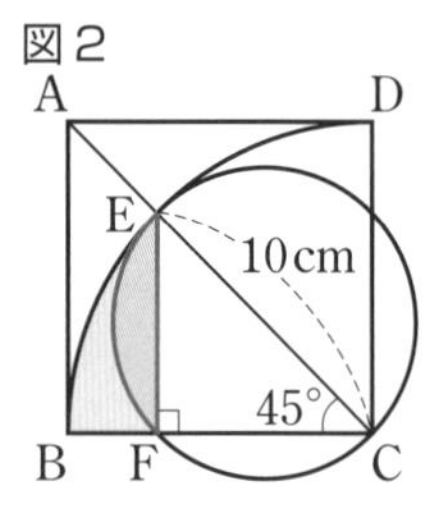

$10\times10\times3.14\times\frac{45}{360}-10\times10\div2\div2$

$=12.5\times3.14-25$

$=\mathbf{14.25}(\mathrm{cm}^2)$

練習問題 11－❶ の答え

問題➡本冊45ページ

1 30cm²　　**2** 14.4cm²

解き方

1 右の図のように，赤わくの三角形４個を切り取って移動させると，合同な平行四辺形が５個できます。この５個の平行四辺形の面積の合計はもとの平行四辺形の面積と等しく150cm² になりますから，しゃ線部分の面積は

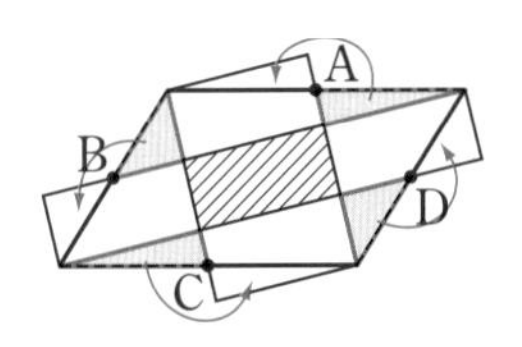

150÷5=**30(cm²)**

2 右の図のように，赤わくの直角三角形４個を切り取って移動させると，正方形 ACBD ができます。この正方形 ACBD の面積は

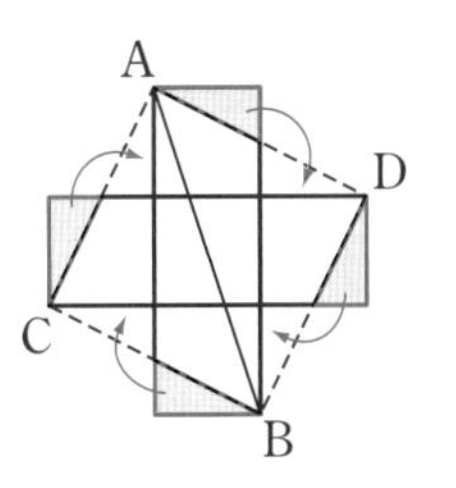

12×12÷2=72(cm²)

よって，もとの図形の面積も 72cm² ですから，もとの図形の正方形１つ分の面積は

72÷5=**14.4(cm²)**

練習問題 11－❷ の答え

問題➡本冊47ページ

1 53°　　**2** 44°

解き方

1 右の図において

○＋×＝180°

AC＝DC

より，三角形 DCE を回転させて AC と DC を重ねると，二等辺三角形 ABE ができます。

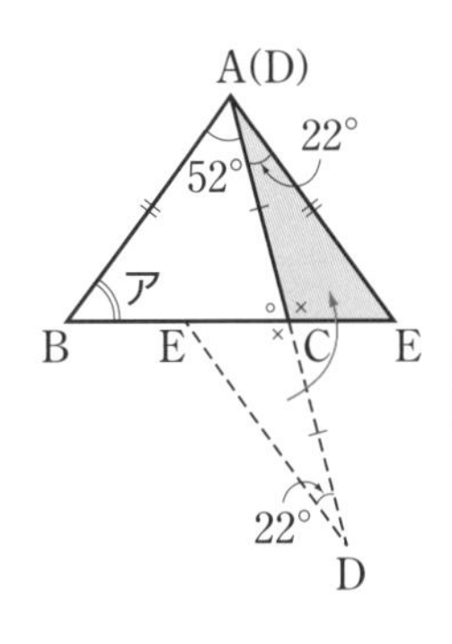

よって，角アの大きさは

(180°−52°−22°)÷2=**53°**

2 右の図において

○＋×＝180°

AB＝DB

より，三角形 DBE を切り取り，裏返して，AB と DB を重ねると，二等辺三角形 AEC ができます。

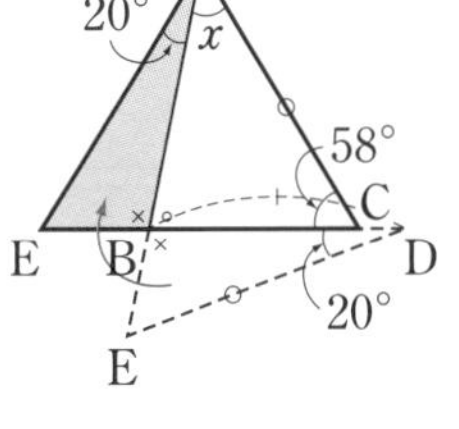

よって，角 x の大きさは

180°−58°×2−20°=**44°**

1 39.25cm²	2 157cm²	3 18.84cm²
4 16cm²	5 208m²	6 5cm²
7 36cm²	8 25cm²	9 12.56cm²
10 10cm²	11 85°	12 12.5cm²

解き方

1 下の図のように，太線部分の半円を移動して考えます。

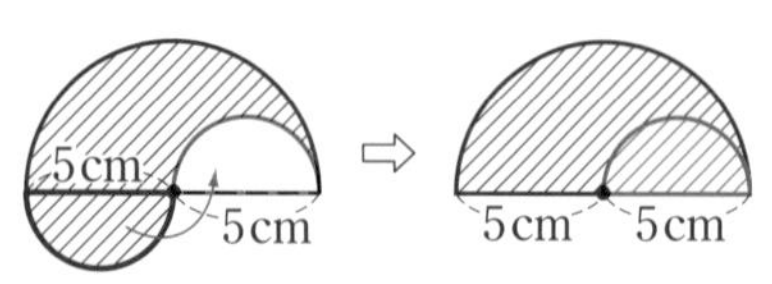

よって，求める面積は

$$5\times5\times3.14\times\frac{1}{2}=12.5\times3.14=\mathbf{39.25(cm^2)}$$

2 下の図のように，太線部分の図形を移動して考えます。

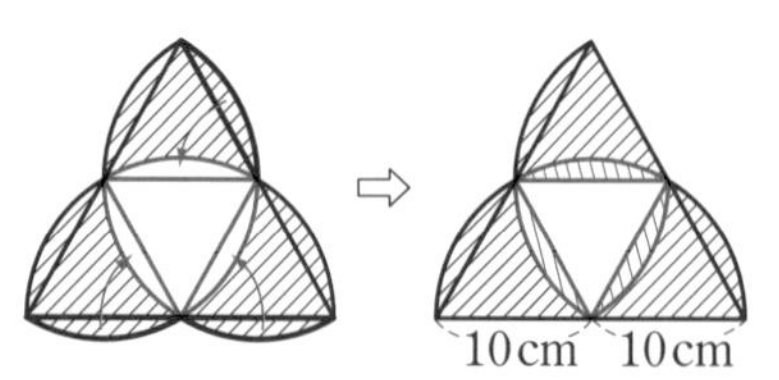

よって，求める面積は，半径が(20÷2=)10cm，中心角が60°のおうぎ形3つ分の面積になりますから

$$10\times10\times3.14\times\frac{60}{360}\times3=50\times3.14$$
$$=\mathbf{157(cm^2)}$$

3 右の図1で，しゃ線部分の面積は，おうぎ形BOCの面積から，図形EOFの面積をひいて求めます。角AOB＝角BOC＝角COD＝90°÷3＝30°より，おうぎ形BOCの面積は

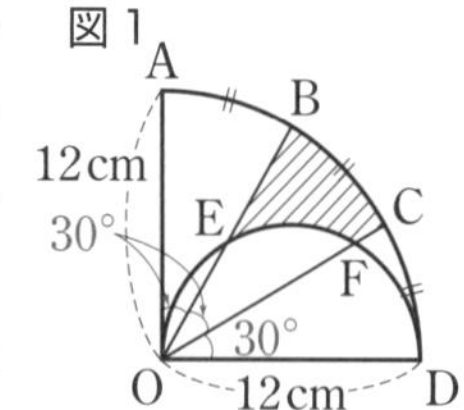

$$12\times12\times3.14\times\frac{30}{360}=12\times3.14(cm^2)$$

ここで，図形EOFの面積を考えます。図2のように，半円の弧の上の点E，Fと半円の中心Gをそれぞれ結ぶと，長さと角の関係から，三角形EOGと三角形EGFはともに正三角形になり，EFとOGは平行になります。よって，等積変形を利用して，三角形EOFの面積を三角形EGFに移すと，図形EOFの面積はおうぎ形EGFの面積と等しくなることがわかりますから，その面積は

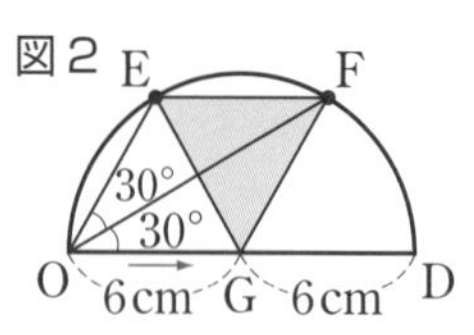

$$6\times6\times3.14\times\frac{60}{360}=6\times3.14(cm^2)$$

したがって，求める面積は，

$$12\times3.14-6\times3.14=(12-6)\times3.14$$
$$=\mathbf{18.84(cm^2)}$$

4 右の図で

○＋×＝90°

●＋×＝90°より

○＝●

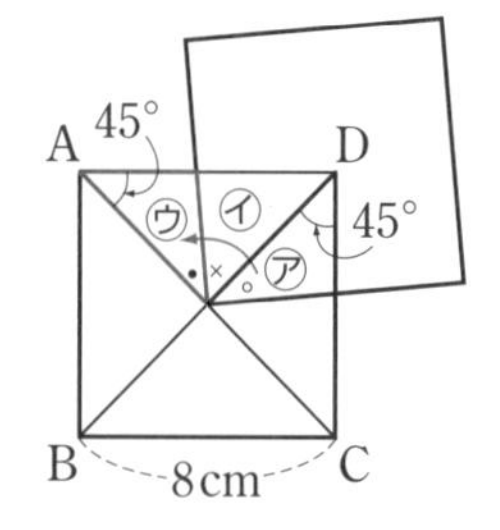

よって，1組の辺とその両たんの角がそれぞれ等しくなりますから，2つの三角形㋐と㋒は合同であることがわかります。したがって，求める面積は

㋐＋㋑＝㋒＋㋑

＝8×8÷4

＝**16(cm²)**

5 下の図のように，道の部分を取りのぞき，残りを平行移動させて寄せ集めると，1つの長方形になります。

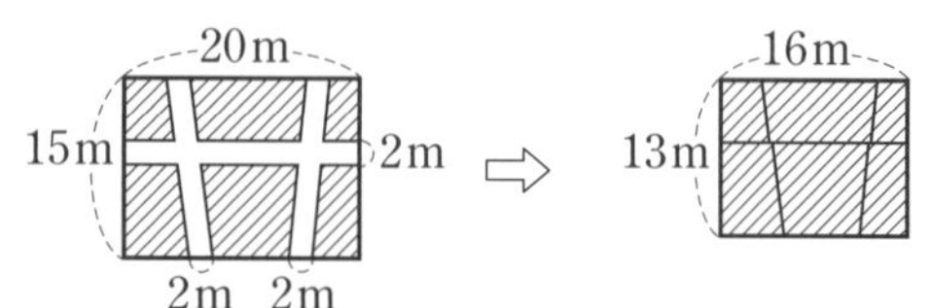

よって，求める面積は

13×16＝**208(m²)**

6 下の図のように，等積変形を利用して，しゃ線部分を寄せ集めて面積を求めます。

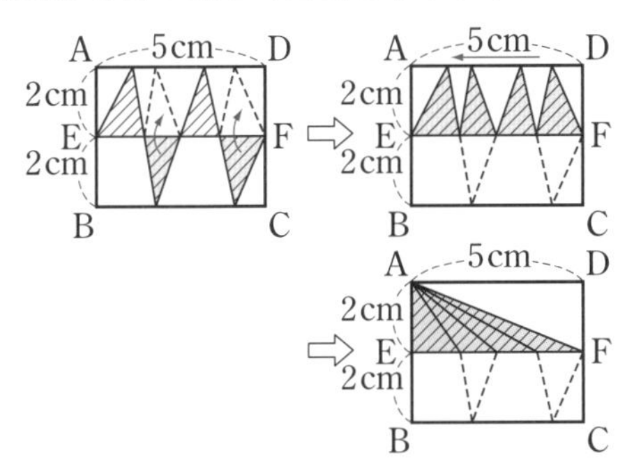

よって，求める面積は

$5\times2\div2=\mathbf{5}(\mathbf{cm^2})$

7 下の図で，2つの三角形㋐と㋑は底辺と高さが等しいですから，面積は等しくなります。

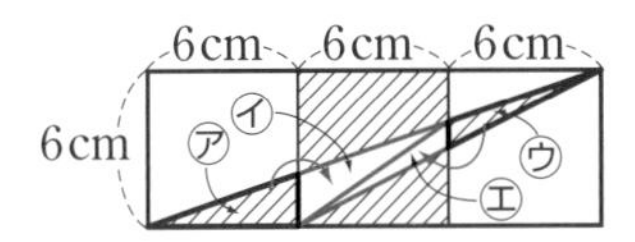

㋒と㋓も同じ理由で面積は等しくなります。よって，㋐の部分を㋑の部分へ，㋒の部分を㋓の部分に移動して寄せ集めると，1辺が6cmの正方形になりますから，求める面積は

$6\times6=\mathbf{36}(\mathbf{cm^2})$

8 下の図のように，中の円を回転させて，しゃ線部分を1か所にまとめて考えます。

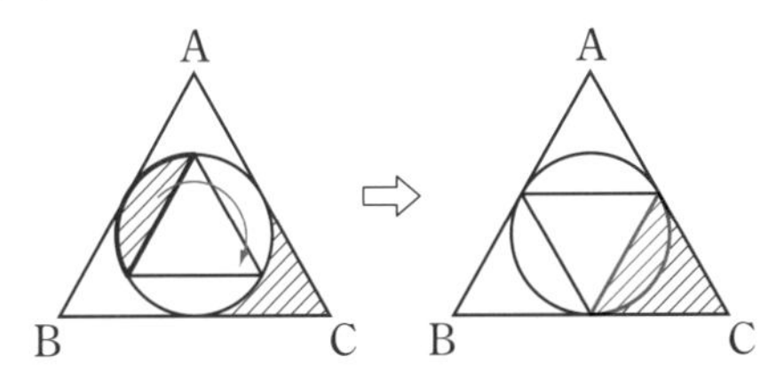

よって，求める面積は，正三角形ABCを4等分した正三角形の面積になりますから

$100\div4=\mathbf{25}(\mathbf{cm^2})$

9 次の図のように，しゃ線部分を移動して寄せ集めて考えます。

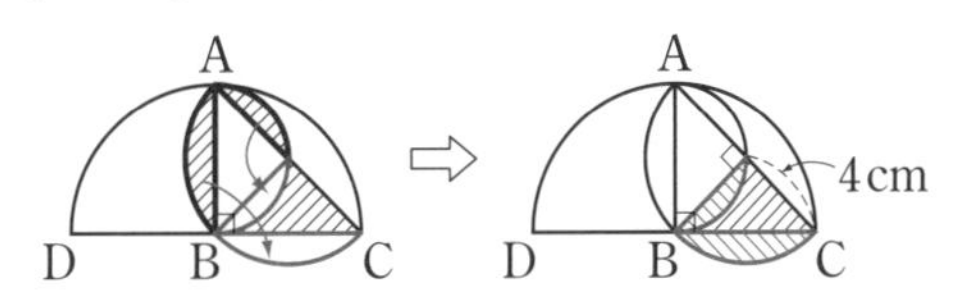

よって，求める面積は，半径が(8÷2=)4cm，中心角が90°のおうぎ形の面積になりますから

$4\times4\times3.14\times\frac{1}{4}=4\times3.14$

$=\mathbf{12.56}(\mathbf{cm^2})$

10 下の図のように，図形を組みかえて考えます。

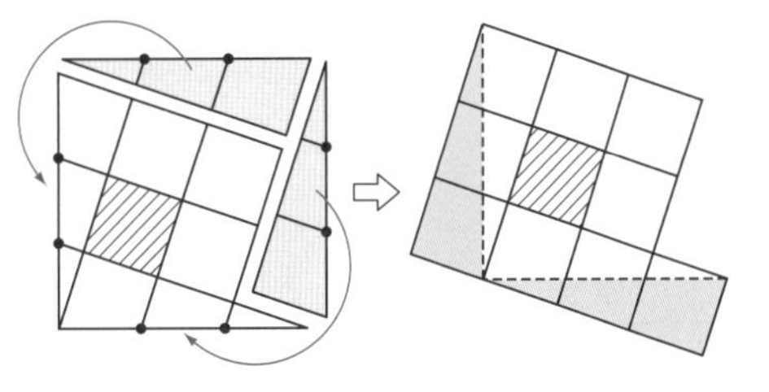

合同な正方形が(3×3+1=)10個できますから，しゃ線部分の面積は

$10\times10\div10=\mathbf{10}(\mathbf{cm^2})$

11 右の図のように，三角形ABCを回転させて，BCとCDを重ねると，二等辺三角形AC(A)ができます。よって，×の角の大きさは角CADと等しく23°ですから，求める角(○の角)の大きさは

$180°-(72°+23°)=\mathbf{85°}$

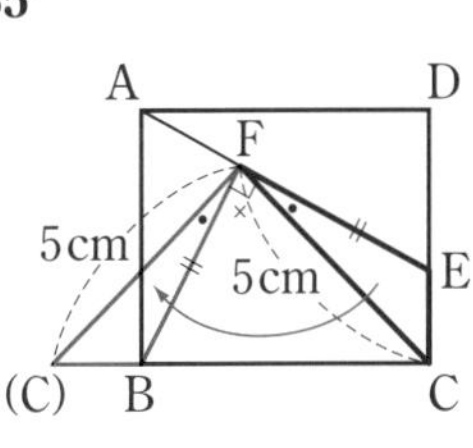

12 右の図で，

FE＝FB，

●＋×＝90°より，

三角形FCEを回転させてFEとFBを重ねると，直角二等辺三角形F(C)Cができます。よって

四角形BCEFの面積

＝直角二等辺三角形F(C)Cの面積

$=5\times5\div2$

$=\mathbf{12.5}(\mathbf{cm^2})$

A D F 5cm 5cm E (C) B C

13日目 入試問題にチャレンジ①

① 129　② 36.56cm　③ 45°
④ $71cm^2$　⑤ 28.5　⑥ $81cm^2$
⑦ (1) 31.98cm　(2) $15.25cm^2$　⑧ $96cm^2$
⑨ 0.14cm　⑩ $23.55cm^2$　⑪ $78.5cm^2$
⑫ $24cm^2$　⑬ $18.24cm^2$　⑭ $4cm^2$
⑮ 16

解き方

① 右の図のように，円周上の点C，Dと円の中心Oを結んで考えます。

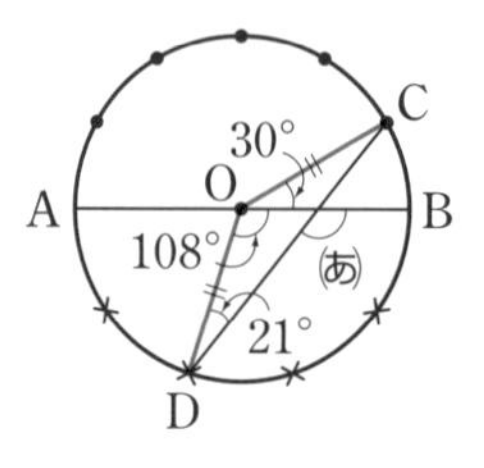

角 COB＝180°÷6
　　＝30°
角 DOB＝180°÷5×3
　　＝108°

三角形 ODC は，OD＝OC の二等辺三角形ですから

角 ODC＝(180°－30°－108°)÷2＝21°

よって，外角の定理より，(あ)の角度は

21°＋108°＝**129°**

② 下の図のように，ひもを直線部分と曲線部分に分けます。

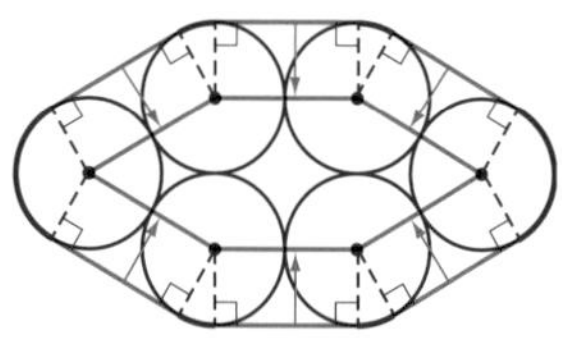

直線部分の長さは，円の中心を結ぶ図形(六角形)のまわりの長さと等しいですから

(2×2)×6＝24(cm)

曲線部分の長さは，円1つ分の円周の長さと等しいですから

2×2×3.14＝12.56(cm)

したがって，求める長さは

24＋12.56＝**36.56(cm)**

③ 右の図のように，ABの向きをCDに変えて，あ，いの角をそれぞれ移します。

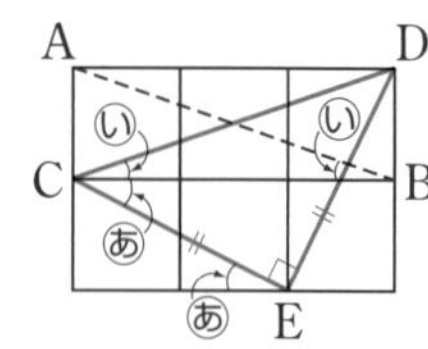

三角形CEDは，CE＝DE，角CED＝90°の直角二等辺三角形ですから

あ＋い＝**45°**

④ アの三角形の面積は

$7×10÷2=35(cm^2)$

イの三角形の面積は

$9×8÷2=36(cm^2)$

よって，求める面積は

$35+36=$**71(cm^2)**

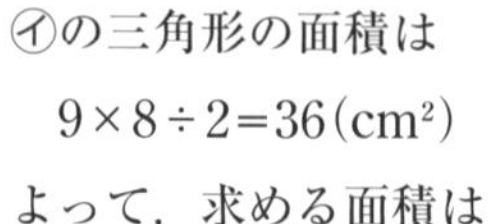

⑤ おうぎ形ABCの面積から，直角二等辺三角形AODとおうぎ形DOBの面積をひいて求めます。

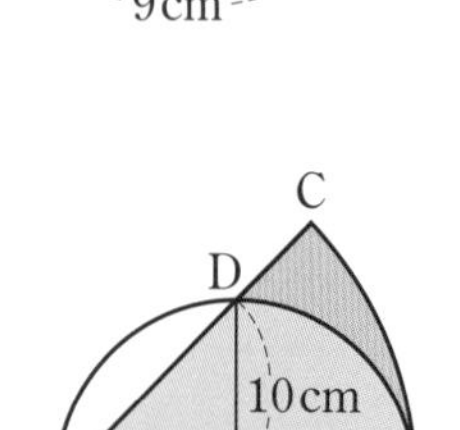

$$20×20×3.14×\frac{45}{360}$$
$$-10×10÷2-10×10×3.14×\frac{1}{4}$$
$$=(50-25)×3.14-50$$

＝**28.5**(cm^2)

⑥ 右の図1のように，円周上の点と円の中心を結ぶと，この六角形は，アの三角形3つとイの三角形3つに分けることができます。

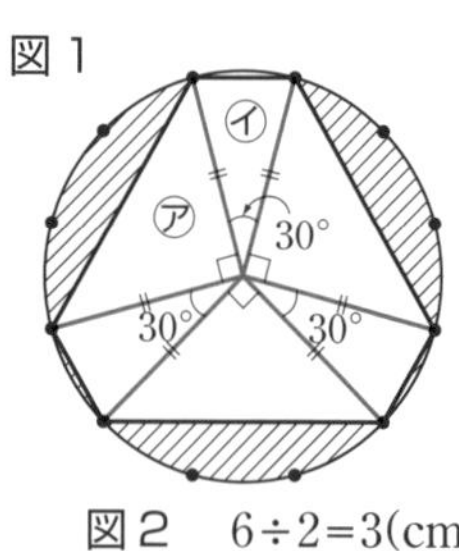

アの三角形の面積は

$6×6÷2=18(cm^2)$

イの三角形の面積は，図2より　$6×3÷2=9(cm^2)$

したがって，求める面積は

$18×3+9×3=$**81(cm^2)**

⑦ (1) 求める長さは，直径 6cm，直径 8cm の半円の弧の長さと AC の長さの和になりますから

$$6\times3.14\times\frac{1}{2}+8\times3.14\times\frac{1}{2}+10$$
$$=7\times3.14+10$$
$$=\mathbf{31.98(cm)}$$

(2) 図形の式で考えます。

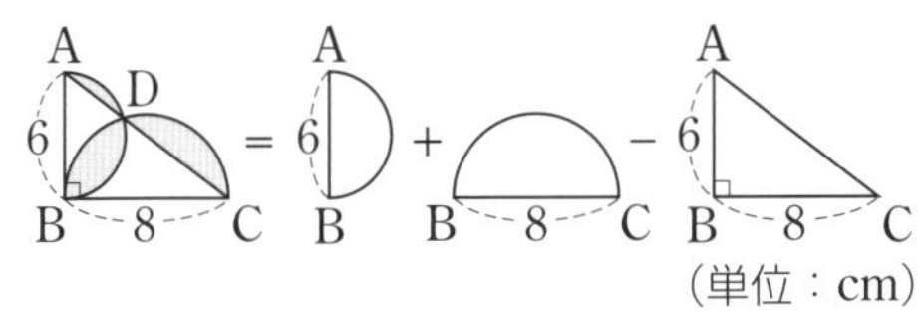

よって，求める面積は

$$3\times3\times3.14\times\frac{1}{2}+4\times4\times3.14\times\frac{1}{2}-8\times6\div2$$
$$=12.5\times3.14-24$$
$$=\mathbf{15.25(cm^2)}$$

⑧ 図形の式で考えます。

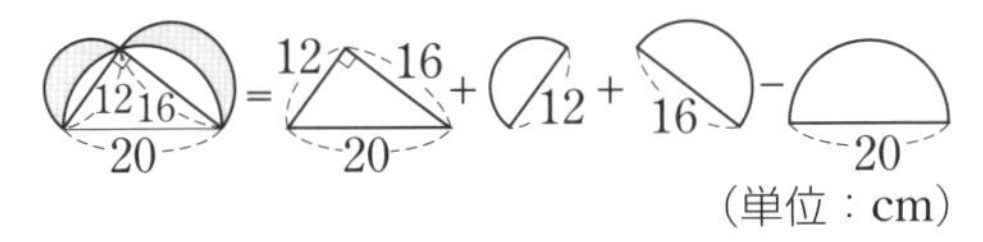

よって，求める面積は

$$12\times16\div2+6\times6\times3.14\times\frac{1}{2}+8\times8\times3.14\times\frac{1}{2}$$
$$-10\times10\times3.14\times\frac{1}{2}$$
$$=96+(6\times6+8\times8-10\times10)\times3.14\times\frac{1}{2}$$
$$=\mathbf{96(cm^2)}$$

⑨ 右の図で，㋐=㋑のとき，

㋐+㋒=㋑+㋒になります。㋐+㋒の面積は

$$2\times2\times3.14\times\frac{1}{4}$$
$$=3.14(cm^2)$$

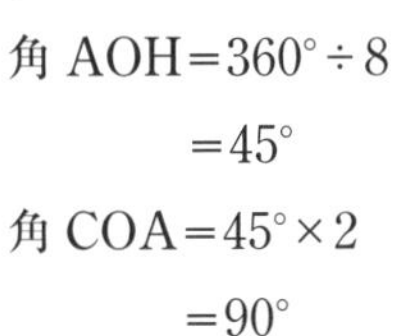

より，㋑+㋒の面積も 3.14cm² になりますから，x は

$$3.14\times2\div2-3=\mathbf{0.14(cm)}$$

⑩ 図1のように，円の交点と円の中心をそれぞれ結ぶと 5 つの正三角形ができます。太線の部分をそれぞれ移動させると図2 のようになります。

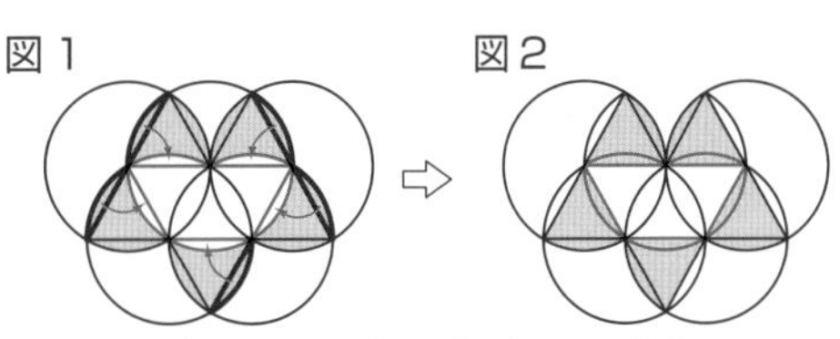

よって，求める面積の合計は，半径 3cm，中心角 60°のおうぎ形 5 つ分の面積の合計になりますから

$$3\times3\times3.14\times\frac{60}{360}\times5=7.5\times3.14$$
$$=\mathbf{23.55(cm^2)}$$

⑪ 右の図のように，円周上の点 A，C と円の中心 O を結んで考えます。

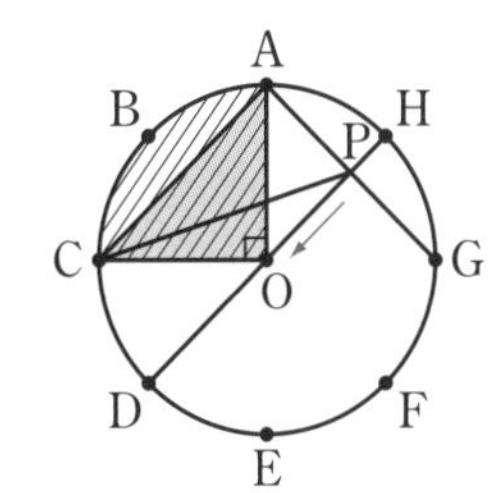

角 AOH=360°÷8
　　=45°

角 COA=45°×2
　　=90°

AC と HD は平行ですから，等積変形を利用して，三角形 APC の面積を三角形 AOC に移すと，求める面積はおうぎ形 AOC の面積と等しくなりますから

$$10\times10\times3.14\times\frac{1}{4}=\mathbf{78.5(cm^2)}$$

⑫ 右の図のア，イの部分をそれぞれウ，エの部分に移動させると，求める面積の合計は，三角形 ACH と正方形 GDEF の面積の合計と等しくなりますから

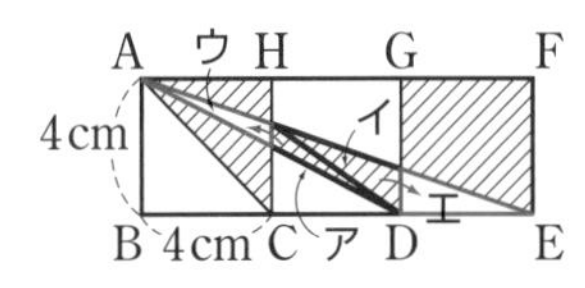

$$4\times4\div2+4\times4=\mathbf{24(cm^2)}$$

⑬ 右の図のように，等しくなる部分を移動させると，全体の円から正方形をのぞいた図形になります。

よって，求める面積は

$$4\times4\times3.14-8\times8\div2=\mathbf{18.24(cm^2)}$$

⑭ 右の図1のように，大きい円を回転させてしゃ線部分を寄せ集めて考えます。PQの長さは小さい円の直径と等しく$(2\times2=)4$cmですから，正方形PQRSの面積は

$4\times4=16(\mathrm{cm}^2)$

図2より，しゃ線部分の面積は，正方形PQRSを4等分した1つ分の面積と等しいですから

$16\div4=$**4(cm²)**

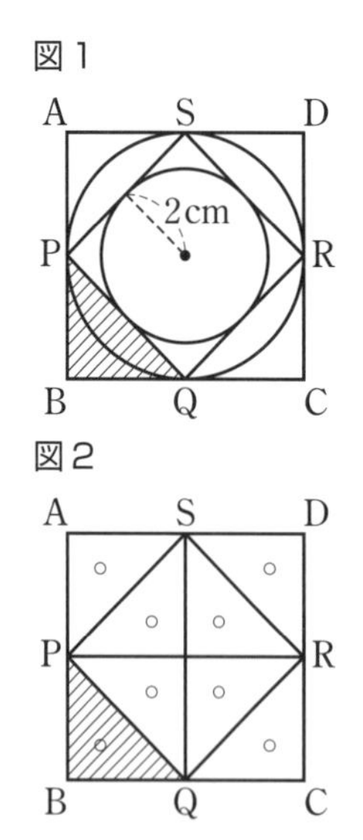

⑮ 右の図のように，図形を組みかえると，合同な正方形が10個できます。よって，しゃ線部分の面積は

$40\div10\times4=$**16**(cm²)

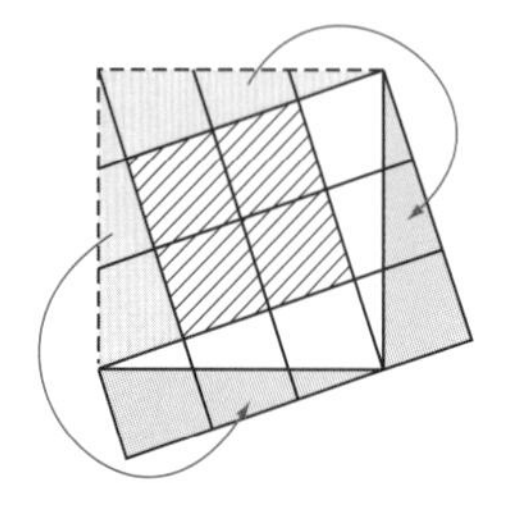

問題➡本冊58ページ

① 12.28cm　② 65　③ (1) 4　(2) 83
④ $53cm^2$　⑤ $13.75cm^2$　⑥ $67.73cm^2$
⑦ 9.42　⑧ $4.71cm^2$　⑨ 15.7cm
⑩ $195.25cm^2$　⑪ 18.84　⑫ 115.44
⑬ 48　⑭ $67.875cm^2$　⑮ 30

解き方

① 右の図のように，円周上の点Eとおうぎ形の中心B，Cをそれぞれ結ぶと

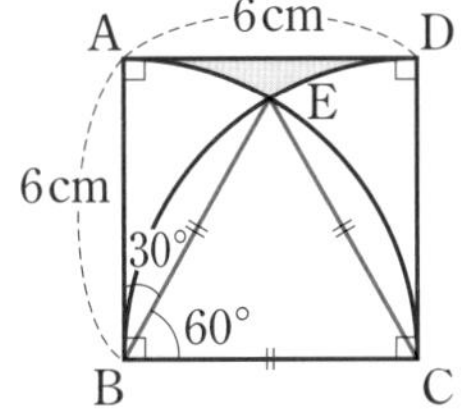

EB＝EC＝BC＝6cm
より，三角形EBCは正三角形になります。
よって，角EBC＝60°より
角ABE＝90°−60°＝30°
弧DE＝弧AEですから，求める長さは
弧AE＋弧DE＋AD
$=6\times2\times3.14\times\frac{30}{360}\times2+6$
$=2\times3.14+6=$**12.28(cm)**

② 下の図で，ADとBFは平行ですから，
角DAF＝角AFB＝20°より
角BAE＝90°−20°＝70°

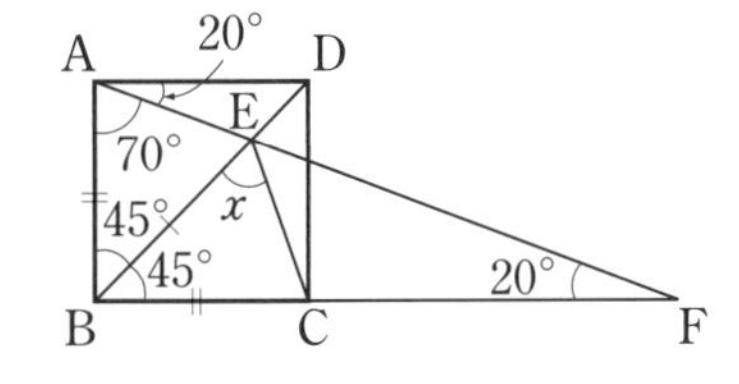

三角形ABEと三角形CBEにおいて
AB＝CB，BEは共通，
角ABE＝角CBE＝45°
より，2組の辺とその間の角がそれぞれ等しいですから，三角形ABEと三角形CBEは合同になります。したがって，角BCE＝角BAE＝70°より，角xの大きさは
180°−(45°＋70°)＝**65°**

③ (1)　三角形EACと三角形EBDにおいて
EA＝EB，EC＝ED，
角AEC＝角BED＝60°＋○
より，三角形EACと三角形EBDは合同になります。

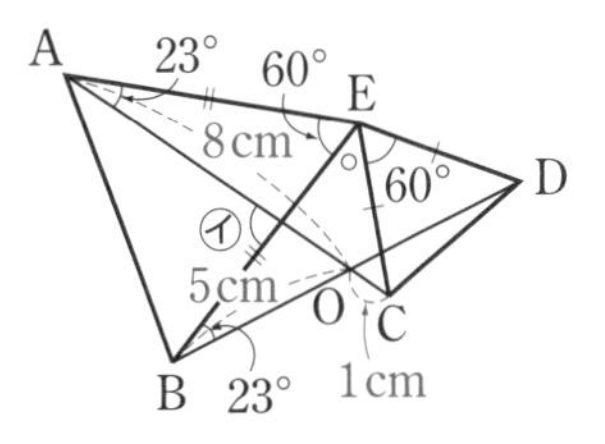

よって，AC＝BDですから
OD＝8＋1−5＝**4**(cm)

(2)　角EAC＝角EBD＝23°
よって，外角の定理より，④の角の大きさは
23°＋60°＝**83°**

④ 右の図のように，しゃ線部分を㋐，㋑，㋒の3つに区切って求めます。㋐の面積は

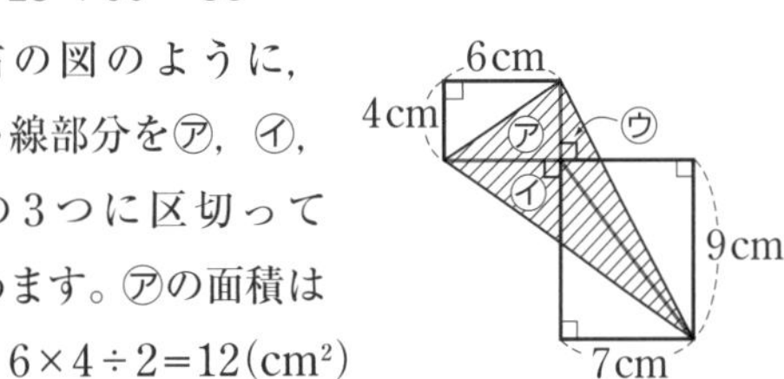

$6\times4\div2=12(cm^2)$
㋑の面積は
$6\times9\div2=27(cm^2)$
㋒の面積は
$4\times7\div2=14(cm^2)$
したがって，求める面積は
12＋27＋14＝**53**$(\mathbf{cm^2})$

⑤ 三角形ABCの面積から，2つの三角形GBE，AHIの面積をひいて求めます。

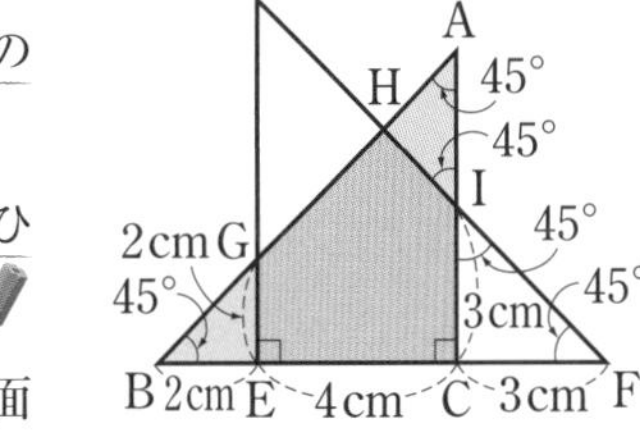

三角形ABCの面積は
$6\times6\div2=18(cm^2)$
三角形GBEの面積は
$2\times2\div2=2(cm^2)$

AI$=6-3=3$(cm)より，三角形 AHI の面積は

$3\times3\div2\div2=2.25$(cm²)

したがって，求める面積は

$18-(2+2.25)=$**13.75(cm²)**

⑥ 右の図のように，円周上の点 A，H と円の中心 O を結んで考えます。

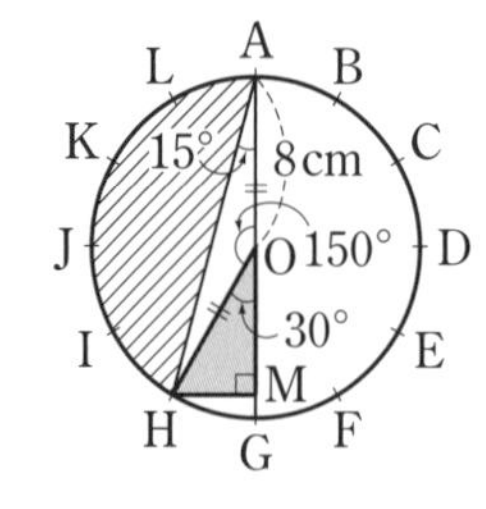

角 AOH

$=360°\div12\times5=150°$

より，おうぎ形 AOH の面積は

$8\times8\times3.14\times\frac{150}{360}$

$=\frac{80}{3}\times\frac{314}{100}$

$=83\frac{11}{15}$(cm²)

三角形 AOH の面積は　$8\times8\div2\div2=16$(cm²)

したがって，求める面積は

$83\frac{11}{15}-16=67\frac{11}{15}$

$=67.73\dot{3}\cdots$

よって　**67.73(cm²)**

⑦ 図形の式で考えます。

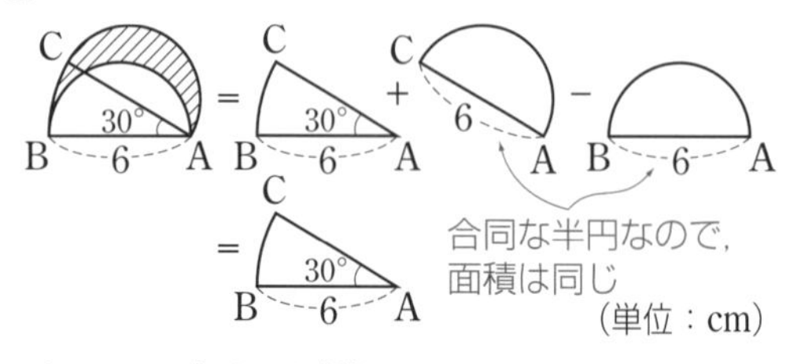

よって，求める面積は

$6\times6\times3.14\times\frac{30}{360}=3\times3.14$

$=$**9.42**(cm²)

⑧ まず，右の図のように，太線部分の中だけに着目し，かげの部分の面積を2倍して求めます。太線部分のおうぎ形 AOB において，

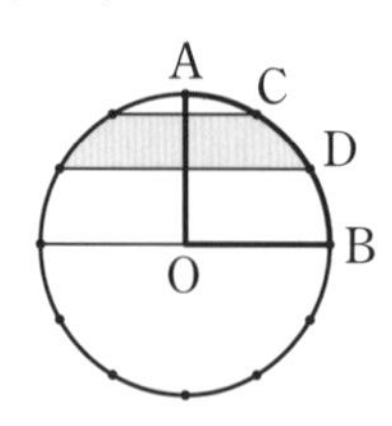

弧の上の点 C，D と中心 O を結びます。

角 AOC=角 COD=角 DOB

$=90°\div3=30°$

より，次のように，図形の式で考えます。

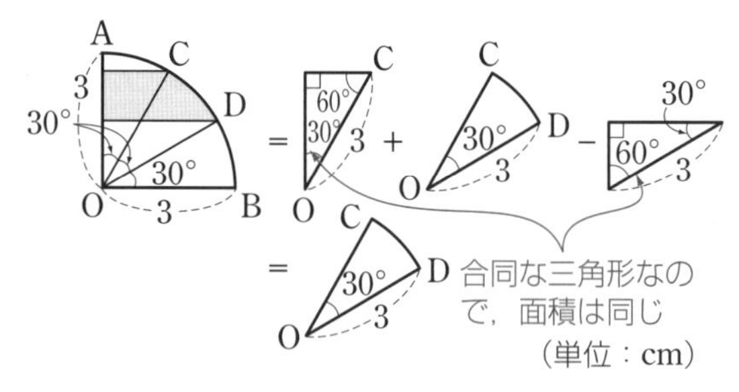

よって，求める面積は

$3\times3\times3.14\times\frac{30}{360}\times2=1.5\times3.14$

$=$**4.71(cm²)**

⑨ 右の図で，あ=いのとき，あ+う=い+えになります。よって，長方形の面積は，い+えのおうぎ形の面積の2倍になりますから，この長方形の横の長さは

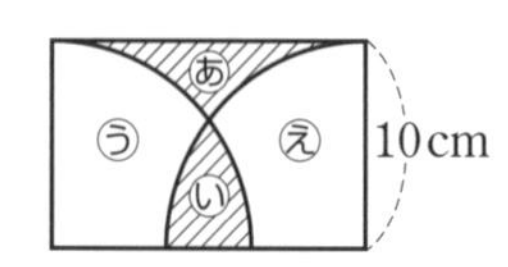

$10\times10\times3.14\times\frac{1}{4}\times2\div10$

$=5\times3.14$

$=$**15.7(cm)**

⑩ 右の図で，ア−イの面積は，(ア+ウ)−(イ+ウ)の面積と等しくなります。

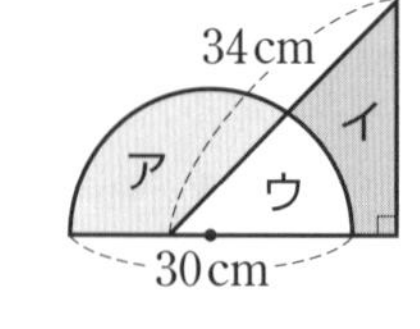

ア+ウ(半円)の面積は

$15\times15\times3.14\times\frac{1}{2}$

$=112.5\times3.14$

$=353.25$(cm²)

イ+ウ(直角二等辺三角形)の面積は

$34\times34\div2\div2=289$(cm²)

よって，ア−イの面積は

$353.25-289=64.25$(cm²)

ア+イの面積は 326.25cm² ですから，和差算より，アの面積は

$(326.25+64.25)\div2=$**195.25(cm²)**

⑪ まず，半円の弧の上の点 C と半円の中心 O を結びます。次に，折り返す前の図形にもどすと，右の図のようになります。

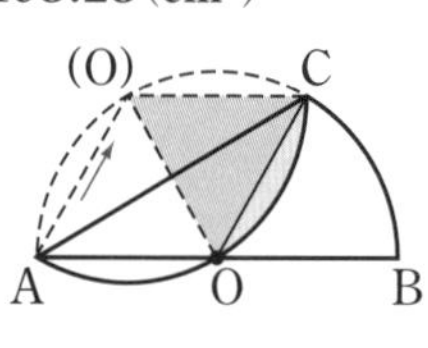

14日目 入試問題にチャレンジ②

半円の半径は$(12\div2=)6$cm ですから

$AO=A(O)=O(O)=CO=C(O)=6$cm

となり，三角形AO(O)，三角形(O)OCは正三角形になりますからA(O)とOCは平行です。したがって，等積変形を利用して，三角形AOCの面積を三角形(O)OCに移すと，求める面積は，おうぎ形(O)OCの面積と等しくなりますから　$6\times6\times3.14\times\frac{60}{360}=\mathbf{18.84}(\text{cm}^2)$

⑫ まず，下の図１で，平行四辺形ABCDの底辺をBCとしたときの高さDFを求めます。

図１

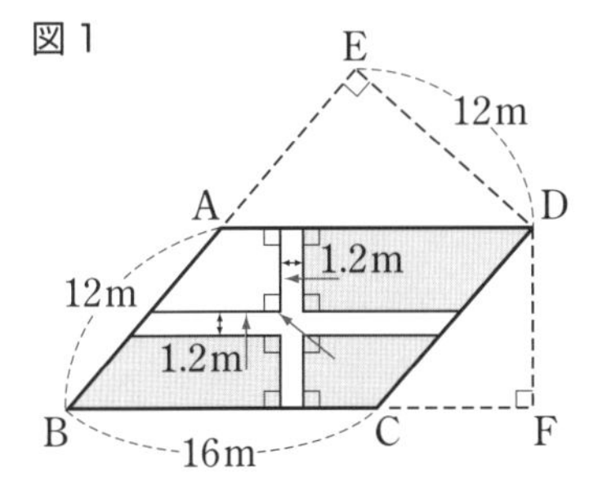

平行四辺形ABCDの面積は

$12\times12=144(\text{m}^2)$

↑ AB×DE

ですから，DFの長さは

$144\div16=9(\text{m})$

次に，下の図2のように，道の部分をとりのぞき，残りを寄せ集めると，１つの平行四辺形になります。

図２

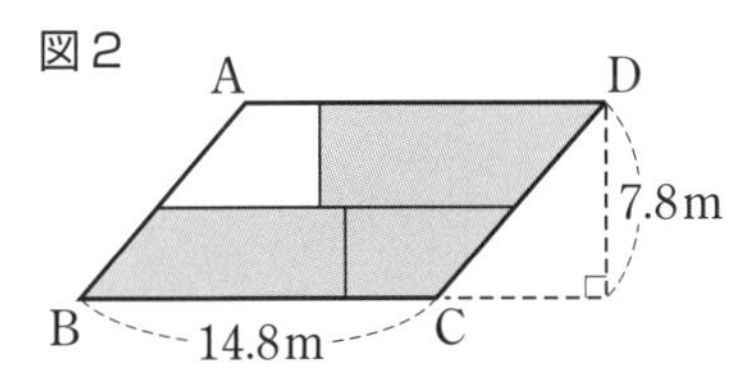

よって，求める面積は，
底辺が　$(16-1.2=)14.8$m，
高さが　$(9-1.2=)7.8$m
の平行四辺形の面積になりますから

$14.8\times7.8=\mathbf{115.44}(\text{m}^2)$

⑬ 下の図のように，等積変形を利用して，しゃ線部分を寄せ集めて面積を求めます。

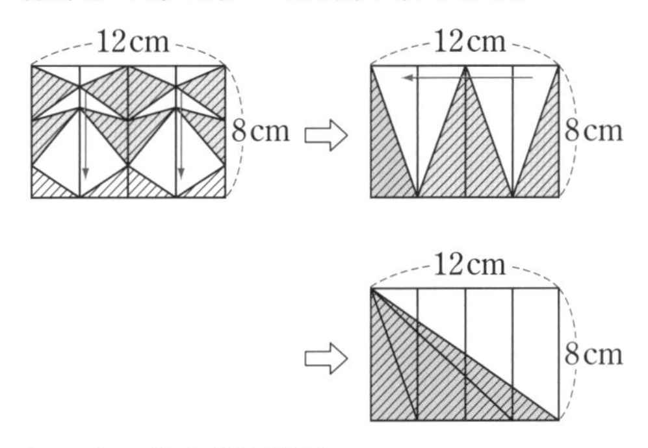

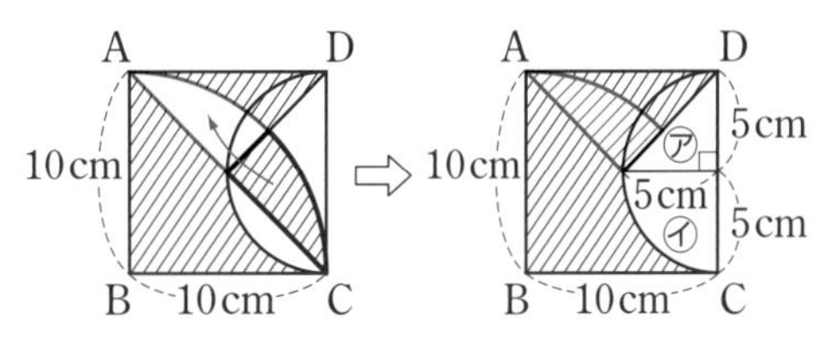

よって，求める面積は

$12\times8\div2=\mathbf{48}(\text{cm}^2)$

⑭ 下の図のように，太線部分を移動させて考えます。

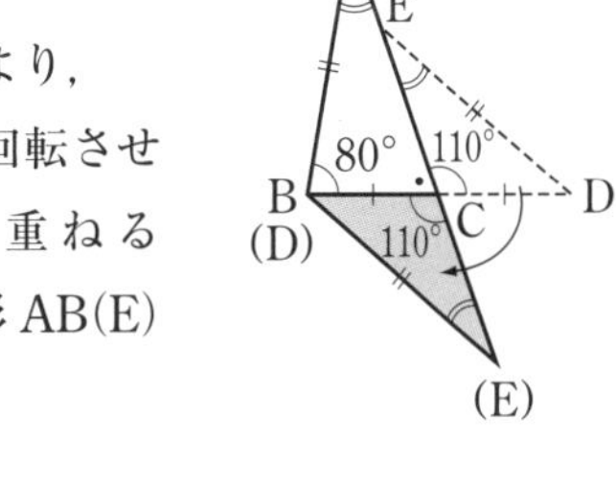

よって，しゃ線部分の面積は，正方形ABCDの面積から，直角二等辺三角形㋐とおうぎ形㋑の面積をひいたものになりますから

$10\times10-5\times5\div2-5\times5\times3.14\times\frac{1}{4}$

$=100-12.5-6.25\times3.14$

$=\mathbf{67.875}(\mathbf{cm^2})$

⑮ 右の図で，
BC=CD，
●$+110°=180°$より，
三角形ECDを回転させてBCとDCを重ねると，二等辺三角形AB(E)ができます。
外角の定理より

角$BAC=110°-80°=30°$

よって　角CED=角C(E)B
=角BAC
$=\mathbf{30°}$

14日目
入試問題にチャレンジ②

③

(MEMO)

(MEMO)

(MEMO)